中国特色民居系列丛书

李瑞君　陈依婷　著

羌族民居室内环境设计研究

中国建筑工业出版社

图书在版编目（CIP）数据

羌族民居室内环境设计研究／李瑞君，陈依婷著
. —北京：中国建筑工业出版社，2020.12
（中国特色民居系列丛书）
ISBN 978-7-112-25747-8

Ⅰ．① 羌…　Ⅱ．① 李…② 陈…　Ⅲ．① 羌族–民居–
室内装饰设计–研究–中国　Ⅳ.① TU238.2

中国版本图书馆CIP数据核字（2020）第256176号

　　本书以羌族民居室内环境设计研究为契点，首先以羌族民居面临的生存环境为先决条件，将建筑环境构成要素作为论述基础，然后由大到小、由泛到专地着重分析羌族民居室内环境的构成要素，结合羌族聚居区域的人文因素，总结出其具有民族地域性特色的室内设计特征。
　　本书适用于室内设计、建筑学等相关专业师生及从业者参考阅读。

责任编辑：杨　晓　唐　旭
版式设计：锋尚设计
责任校对：张惠雯

中国特色民居系列丛书

羌族民居室内环境设计研究
李瑞君　陈依婷　著

*
中国建筑工业出版社出版、发行（北京海淀三里河路9号）
各地新华书店、建筑书店经销
北京锋尚制版有限公司制版
北京中科印刷有限公司印刷
*
开本：880毫米×1230毫米　1/32　印张：4¾　字数：105千字
2021年3月第一版　2021年3月第一次印刷
定价：30.00元
ISBN 978-7-112-25747-8
（36988）

自　序

　　室内设计的发展趋势大致有三：科技化、生态化和地域化，因此地域性特色是今后室内设计发展的一个重要方向。十几年前我在学校为研究生开设了一门名为《地域性建筑设计研究》的课程，从那时起就开始了中国传统建筑和地域性建筑及环境设计研究。

　　在快速发展的当下，建筑趋同化现象日益严重，中国富有民情和地域特色的建筑被抛弃，沉淀着历史和民众智慧的各地民居建筑逐渐被雷同的现代建筑取代。在这种现实背景下，保护地域性建筑势在必行。在快速推进城市化的过程中，乡村的建设与发展对乡村人居环境的改善、缩小城乡差距以及城乡一体化发展具有重要意义，具有民族特色的地域性建筑及其环境的营造更是不可或缺的一部分。

　　本课题所展现的成果以整个中国传统地域性建筑作为自己的关照对象，是一个系列性研究。在研究实施的过程中，选取某一个地区的地域性建筑作为具体的研究对象而渐次开展，譬如羌族民居、摩梭民居、东北木屋、满族民居等特色独具的中国传统地域性建筑。

中国传统地域性建筑的环境艺术设计具有非常鲜明的地域特点，很好地适应了当地的气候条件和自然环境，同时涉及当地的生活习俗和宗教信仰等，从局部研究入手，同时进行整体上的把握，研究具有独特地域特色的地域性住居文化。

通过研究，希望能让更多的人了解中国多种多样的地域性住居文化的特点，以及地域性民居室内环境的营造特征，为继承、发展地域特色的环境艺术设计提供借鉴，为中国当下一直推进的乡村振兴、美丽乡村建设和乡村旅游的发展做出积极有意义的探索。

第一，地域特色的环境艺术设计是今后的发展趋势之一。现代社会的人们在生活居住、文化娱乐、旅游休息中对带有乡土风味、地方特色、民族特点的内部环境往往是青睐有加。本课题的研究可以为室内设计的实践和探索提供有益的借鉴。

第二，在当下中国城市化的进程中，如何在"美丽乡村"建设中保持乡村的特色是我们需要正视和面对的现实。如今的快速发展，逐渐形成一种均质化的环境特点，很多地方已经丧失了原有的地方特点。如何保持差异性，追求地方特色是在今后一个时期需要解决的问题。本课题的研究可以用来指导乡村住宅的更新、改建和再建。

第三，对传统室内设计文化的补充。中国的历史是以汉民族为主的各个民族共同发展的历史，随着历史的发展，一些民族已经融合在历史的长河中。地域性文化在吸收汉族文化的同时，也应保留下来自己的特点。作为地域性文化的组成部分，地域性建筑及其室内设计文化应该得到应有的重视和研究，使其得以延续下去。

李瑞君

2020年10月

前　言

　　羌族在诸多华夏民族中是历史最为久远、古老的民族之一，其历史可以追溯至3000多年前的殷商时期，是远古华夏族的一个组成部分。今日的羌族人主要聚居于四川省阿坝藏族羌族自治州境内的理县、茂县、汶川以及松潘县和绵阳北川县部分地区，其民居建筑依附山势而建，重重叠叠，错落有致，具有浓郁的羌族地域特性村寨景观特色。学者们大多关注对羌族人文历史、宗教内涵、建筑文化等普遍意义的研究，而本书专注于研讨羌族民居室内的环境设计。笔者利用假期时间多次深入羌区，考察羌寨聚落环境和三大类具有典型羌族特色的民居建筑的室内环境格局与设计，它们分别是碉楼民居、石砌民居以及土夯民居。

　　本书以羌族民居室内环境设计研究为切入点，首先以羌族民居面临的生存环境为先决条件，将建筑环境构成要素作为论述基础，然后结合羌族聚居区域的人文因素，由大到小、由泛到专，着重分析羌族聚落、民居和室内环境的构成要素及特征。通过对四川阿坝藏羌自治州茂县、汶川县、理县的典型羌族民居室内环境的考察、调研、研究，旨在完善羌族民居室内设计在羌族民居建筑设计研究中不够系统、深入和完整的地方，总结羌族民居室内环境设计的特征，发掘羌族民居室内设计文化的艺术与价值，为今后的可持续发展提供可供参考的依据。

本课题研究得到北京市教育委员会长城学者培养计划项目《中国传统地域性建筑室内环境艺术设计研究》（项目编号：CIT&TCD20190321）的资助，本书为该项目的成果之一。

目　录

自　序

前　言

第1章 绪论

1.1 研究背景 ··2
1.2 研究目的及意义 ····································3
1.2.1 研究的目的 ································3
1.2.2 研究的意义 ································3
1.3 研究对象及研究范围 ························5
1.3.1 研究对象 ····································5
1.3.2 研究范围 ····································5
1.4 文献综述 ··7
1.4.1 国内研究现况 ····························7
1.4.2 国外研究现况 ····························8
1.5 研究思路及方法 ····································9
1.5.1 研究思路 ····································9
1.5.2 具体研究方法 ····························9

第2章 羌族民居的自然与人文环境

2.1 阿坝藏族羌族自治州自然地理条件 ···········12
2.1.1 地形地貌特征 ··························12
2.1.2 气候特征 ································13
2.1.3 地质与建筑材料 ··············14
2.2 羌民族的历史沿革 ·····················14
2.3 羌族宗教文化的形成与发展 ·········15
2.3.1 羌族的宗教文化 ··············16
2.3.2 释比文化 ································16

第3章 羌族聚落环境的特征

3.1 羌族聚落选址及分布特征 ············20

3.1.1 河谷选址的特点 21

3.1.2 半山选址的特点 22

3.1.3 高山选址的特点 23

3.2 羌族聚落的形态 ···**25**

3.2.1 以碉楼为中心的民居组团特征 ················· 26

3.2.2 以水渠为中心的村寨空间 ······················· 27

3.2.3 道路、磨房营造出多中心的村寨空间 ········· 29

3.3 水系空间的可持续性利用 ····················· **31**

3.4 民居建筑内外空间的转换特征 ···············**34**

3.4.1 公共空间的高效利用 ······························· 34

3.4.2 内外空间渗透构成"图底关系" ··········· 37

第4章 羌族民居建筑的特征

4.1 羌族民居营造的影响因素 ·····················**40**

4.2 羌族民居的特征 ································· **43**

4.2.1 羌族民居精神之白石崇拜 ······················· 43

4.2.2 羌族建筑代表之羌碉 ······························· 44

4.2.3 四通八达的空中交通系统 ······················· 46

4.2.4 羌寨民居建筑的一体化特征 ···················· 48

4.3 纵向空间的合理划分 ··························· **50**

4.4 羌族民居的营造技艺 ··························· **52**

4.4.1 建材选取 ·· 52

4.4.2 传统风水 ·· 53

4.4.3 营造工艺 ·· 54

第5章 羌族民居室内环境的特征

5.1 羌族民居的室内空间格局 ·····················**59**

5.1.1 室内空间的纵向划分 ······························· 59

5.1.2 室内空间的平面组合 ······························· 61

5.1.3 房屋顶面空间的联系及细部处理 ············· 64

5.2 羌族民居室内空间的布置 ·····················**66**

5.2.1 羌族民居的主室 ······································· 66

5.2.2 厨房的布置 ·················· 73

5.2.3 卧房的布置 ·················· 75

5.2.4 天井与晒台的空间处理 ·················· 76

5.2.5 碉楼内部的空间处理·················· 77

第6章 羌族民居的装饰与家具

6.1 羌族民居室内的细部和装饰·················· 84

6.1.1 门神与石敢当·················· 84

6.1.2 门的形制·················· 86

6.1.3 窗的形制·················· 88

6.1.4 梁、柱、檐·················· 90

6.2 羌族家具·················· 93

6.2.1 室内家具的布置与样式·················· 93

6.2.2 室内用具的样式·················· 95

6.3 民族图案与色彩的应用·················· 98

6.3.1 羌族民居室内环境的装饰色彩·················· 98

6.3.2 纹样与色彩在建筑中的应用·················· 103

6.3.3 纹样与色彩在家具和器物中的应用·················· 104

第7章 结语

附录一：羌族与汉族建筑的营造对比·················110

附录二：碉楼类型细分表格·················111

附录三：羌寨民居更新改造的设计策略·················112

附录四：羌族古民居建筑的再生设计·················127

参考文献·················139

第 **1** 章

绪论

1.1 研究背景

羌族在诸多华夏民族中是最为古老的民族之一，是远古华夏族的组成部分，羌族人称呼自己为"日麦""尔玛人"。现今羌族人口约有30万，主要聚居于四川省阿坝藏族羌族自治州境内的理县、茂县、汶川以及松潘县和绵阳北川县部分地区。羌族聚居区域海拔在1500～4000米，固有"云朵上的民族"之美称。这里山高路险，地形复杂，高原气候特色明显，气候呈垂直分布，高山寒冷，河谷温和干燥，冬寒夏凉，昼夜温差较大，羌族聚居区域物产极为丰富，具有明显的高山与河谷两种截然不同的气候条件和自然环境，聚居区根据所处地理环境的不同一般分为河谷地、半山腰、高山的垂直分布三种情况。

目前国内对于羌族民居室内环境设计的研究基本处于初期阶段，没有出现较完整、系统的研究。选择"羌族民居室内环境设计"这一课题作为研究对象主要有两方面的原因。其一，在民族文化研究的大背景下，羌族在中华民族发展的历史演绎中曾扮演过重要角色，其住居文化独树一帜，对于研究华夏民族文化根源有着重要意义；其二，对于羌族文化的研究，目前关乎于人文历史、宗教信仰以及建筑设计方面的研究者居多，而以室内环境为出发点，从其发展与设计的角度所作的研究成果相对较少。笔者力求梳理羌族室内住居文化的完整框架，归纳总结出羌族民居室内设计的明确范式，能填补该领域的空缺，使羌民族民居建筑的系统研究更加完善，同时作为中国地域性传统民居室内环境设计及文化研究的组成部分，也起到了添砖加瓦的作用。

1.2　研究目的及意义

1.2.1　研究的目的

　　本书力求用由大到小、由泛到专的完整逻辑结构对羌族民居建筑及其室内环境设计进行深入系统的研究，弥补羌族民居室内环境设计在羌族民居建筑设计研究中的不完整之处，由此发掘羌族民居室内设计文化的艺术与价值。笔者利用假期时间多次深入羌区考察，调查羌族具有典型地域性特征的乡村聚落及民居建筑，获取了大量的一手资料，而后挖掘出每一处具有羌区地域性民族特色的室内住居文化之内容及表现方式，通过对四川阿坝藏羌自治州茂县、汶川、理县的羌族民居室内环境设计的研究，并从中归纳整理出羌族民居室内环境设计的特征。

1.2.2　研究的意义

1.　研究的理论意义

　　中华民族上下五千年的文明和历史，是由现今56个民族灿烂悠久的历史文化共同发展交织而成的。而羌民族作为中华民族最古老的民族之一，不但见证了中华文明前进演化历程的开端，而且也经历了自然与人文的艰苦洗礼和锤炼，屹立至今。所以从这个角度上来说，在羌族民居的历史进程中也可窥视到中华民族住居文化的最初形态与发展演变。迄今为止，已有不少学者对羌族民居建筑与文化做过深入研究，但就其室内环境而言，多为学者们在自己专题研究过程中所做的部分研究或辅助研究，未有系统而深入的论述。所以羌族民居室内环境设计研究在一定程度上能够填补羌族民居文化中的空缺，同时对我们研究坡地建筑室内空间组合和功能格局、室内环境的地域性等也具有一定的意义。

2. 研究的实践意义

在现代化进程的影响下，经济发展和技术进步带来的趋同化是不可避免的趋势，因此羌民汉化的情况非常严重，已有的特色在逐渐淡化乃至失去。研究羌族民居室内环境的要素构成并且对其特征进行分析与归纳，有着重要的实践意义：其一，可以利用先进的人力、物力资源帮助现在羌民旧居进行更新、改善与维护，减少羌民盲目地将受地震影响而破损的旧居拆毁，出现建造钢筋混凝土房屋的现象，同时也可以在一定程度上避免商业因素对传统羌民居文化的破坏；其二，对于城市民居室内环境来说，羌族民居建筑与室内格局有其独到之处，在城市发展日渐成熟的现阶段有助于思考室内环境设计的突破点，对现阶段的生活来说是一种积极而有意义的态度。羌族人民用他们的勤劳与智慧度过了3000多年的岁月，最终沉淀出的室内住居环境与生活方式应该会带给现今的人们一些不一样的感受和生活启示。

1.3　研究对象及研究范围

1.3.1　研究对象

课题研究的对象限定于羌族聚居区中具有典型羌族民居建筑特色的室内环境、空间格局及其装饰。羌族典型民居类型按结构材料来划分，大致分为三类：碉楼民居、石砌民居以及土夯民居。

四川阿坝藏羌自治州境内的羌族民居主要集中于理县、汶川县、茂县以及北川县。理县以石、木结构的民居建筑为主，茂县以土、木结构的民居建筑为多，汶川县则兼有石、木结构和土、木结构的民居建筑，北川县以木、砖结构见多。本书所研究对象的地理位置集中于四川阿坝州理县、汶川县以及茂县，研究对象按建筑材料分类是以石、木结构和土、木结构的民居建筑为主，按筑建结构划分则分为碉楼民居、石砌民居、夯土民居三大类别。

本书根据上述羌族民居的分类情况，针对其室内环境的空间格局与构成要素加以梳理分析，并结合羌族建筑特征和羌族人的生活习俗，以羌族民居室内设计为对象展开研究。

1.3.2　研究范围

在羌寨和民居的考察和调研中，研究者尽可能多地走访分布在

图1-1 阿坝藏羌自治州卫星地理图
（图片来源：网络）

四川阿坝藏羌自治州茂县、汶川、理县的典型羌寨，根据地理条件的差异和羌寨类型的不同，选择有代表性的羌寨进行深入考察和调研。羌族民居从横向地理分布上来说，除了茂县、汶川县、理县、北川县城位于主要交通线上外，大多数羌寨多沿岷江干流与支流黑水河、杂谷脑河及其他大大小小的溪流河谷地区分布（图1-1），从垂直地形来说又分为河谷地、半山腰、高山三种情况。

笔者利用假期先后两次到往老木卡羌寨、黑虎羌寨、桃坪羌寨、萝卜寨等地对民居进行走访调查，近距离感受羌人的住居和生活。所调查的羌寨范围主要包括：理县的桃坪羌寨、老木卡羌寨、尔瓦寨、九子村、布瓦寨，茂县的黑虎羌寨、上孟寨、下孟寨，汶川县的萝卜寨、王泰昌官寨。

1.4 文献综述

对羌族文化和民居建筑研究的文献资料是从2000年之后才开始大量出现的，且基本是国内研究人员涉足这个领域，国外在本领域的研究资料不多见。羌族文化涵盖内容广泛，其中尤数民居建筑文化与人文历史文献为最多，而关于室内环境设计的研究文献屈指可数。

1.4.1 国内研究现况

在羌族民居建筑研究这个领域做了大量工作的主要是西南交通大学建筑系的季富政教授，他历经20多年，收集测绘了大量的羌族民居，著有《中国羌族建筑》（2000）一书，这是目前国内研究羌族民居建筑的一部重要专著。研究羌族居住文化的文献资料有四川大学硕士生导师李伟所著《羌族民居文化》（2009）、西南交通大学官礼庆的硕士学位论文《杂谷脑河下游羌寨民居研究——以老木卡为例》、苏州大学张犇的博士学位论文《四川茂汶理羌族设计的文化生态研究》。关于室内装饰与设计的研究有四川大学符曦的工程硕士学位论文《四川阿坝州羌族藏族石砌民居室内空间与装饰特色的研究》、张犇所写《羌族火塘设计的文化内涵》，以及刘伟、刘斌于2011年发表的《羌族庄房空间设计的文化探析》等。

关于羌族人文历史的主要著述有冉光荣、李绍明、周锡银所著《羌族史》（1985）、张犇2013年完成出版的《羌族造物艺术研究》；在羌族宗教文化方面的主要著述有阮宝娣所著的《羌族释比口述史》（2011）、周锡银与钱安靖于1990年出版的《羌族的古老宗教性仪式和巫术》、胡鉴民所著的《羌族之信仰与习为》（1941），牟钟鉴与张践合著的《中国宗教通史》（2003）中也有涉猎；对于羌族民居生态环境发展的论述主要有张犇的《四川茂汶理羌族设计的文化生态研究》（2007）、杨光伟2005年在《西南民族大学学报》上发表的《羌族民居建筑群的价值及其开发利用》，等等。

在其他有关羌族艺术著作中，有纪实摄影大家庄学本先生的《羌戎考察记》（2007）、阮宝娣的《羌族释比与释比文化研究》（2007）、张良皋教授的《建筑与文化》（1993），等等，都涉及羌族文化、建筑及艺术的内涵与发展的研究。

1.4.2 国外研究现况

国外的研究中，最早有1991年日本学者松岗正子的《石碉——中国四川省山中留存的巨塔型石碉》；1994年日本早稻田大学长江文化调查队专程到岷江上游对羌族历史文化进行了周密的考察并进行了研究，四川大学出版社出版了由四川大学民族研究所所长冉光荣和日本早稻田大学文学部教授工藤元男主编的《四川岷江上游历史文化研究》（1996）一书；曾有加拿大建筑专业的学生和老师来到羌族聚居区域测绘建筑两周，日本早稻田大学建筑专业学生测绘一个月。

1.5　研究思路及方法

1.5.1　研究思路

本书在"羌族民居室内环境设计"课题的研究中采用了系统整体的、动态发展的和联系比较的研究思路。

1. **整体研究**。以一个基本"生活圈"为单位，将室内环境与建筑环境、聚落环境联系研究。

2. **动态研究**。把室内环境设计当作民族文化的一部分进行研究，以成长的角度研究其生长发展的过程。

3. **比较研究**。将建筑类型、室内格局、营造工艺等分类进行比较研究；将羌族民居室内环境与其他民居室内环境进行比较，从而确定其室内环境的特征。

1.5.2　具体研究方法

1. **文献阅读，数据收集**。收集整理有关羌族文化和羌族建筑的文献资料，从总体上把控羌族民居室内环境设计研究的研究内容。

2. **实地考察，勘测记录**。笔者亲赴羌族民居聚居区域，进行大量田野调查，进行现场踏勘、测绘、摄影以及访问记录。

3. **归纳总结，推陈出新**。在结合历史文化、地理、哲学、宗教、绘画、雕刻、工艺美术的大量文献资料的综合分析基础之上，对羌族民居室内环境的研究作出系统的归纳总结，并得出自己的观点与结论。

第 **2** 章

羌族民居的
自然与人文环境

　　羌族人聚居区域（以下简称羌区）的地理环境较复杂，崇山峻岭，河流湍急，气候变化频繁且波动大。虽然羌区自然资源丰富，但由于山林众多，道路交通不便，物资运输困难，信息交流相对封闭，直接导致了羌区经济状况的落后，但这也恰恰是羌寨独具特色的聚落和民居得以很好地保留下来的原因之一。

　　"人类在任何发展阶段都离不开地理环境。人所共知，原始人类的生活和生产深深依赖地理环境；进入文明时期，随着人类主观能动性提高，这种对环境的依赖性似乎有所淡化和隐化，然而，人类永远也不能摆脱地理环境的制约。"[1]

　　羌区的整体生存环境决定了羌族民居建筑及室内环境设计的要素构成、样式和特征，且毋庸置疑地影响了羌族人民的生存状态和生活态度。

2.1 阿坝藏族羌族自治州自然地理条件

2.1.1 地形地貌特征

　　羌族民居聚落主要聚集在四川省阿坝藏族羌族自治州境内的理县、茂县、汶川以及松潘县和绵阳北川县部分地区（图2-1）。

1　冯天瑜，何晓明，周积明. 中华文化史（第二版）[M]. 上海：上海人民出版社，2005：23.

阿坝藏族羌族自治州以少
数民族为主要人口，位于
四川省西北部，毗邻成都
平原，与青海省、甘肃省
交界，由东向西分别与成
都、绵阳、德阳、雅安、
甘孜等市州接壤。阿坝州
地处青藏高原东南端、横
断山脉北部与川西北高山

图2-1 四川省境内羌族主要聚居地

峡谷的结合地带，全区地貌以高海拔山地峡谷为主，西北方向为高
原地带，中部地区为山原地貌，东南方向则为高山峡谷。羌族人世
代生活的乡村聚落随山就势，大小不一，不规律地分布在这高山深
壑之中。

2.1.2 气候特征

羌族聚居区域分布在海拔1500～4000米的地方，地理环境及气
候呈垂直分布，大致分为河谷羌寨、半山羌寨、高山羌寨三种类
型。位于河谷的羌寨气候相对温和湿润一些，水资源也最为充沛；
半山聚落高出河谷海拔大致400～800米，这里地势较缓，气候介于
高山与河谷之间；高山聚落寒冷干燥，气候条件最为恶劣。纵观全
区，夏季温凉，冬春寒冷且终日积雪，干湿季明显，年平均气温在
5.6～8.9℃，日照充足，昼夜温差比较大。

2.1.3 地质与建筑材料

阿坝藏族羌族自治州地处山区，其山石、金属等矿产资源非常丰富，迄今为止，已发现有花岗岩、大理石、金、锂、石灰石、泥炭、石榴子石等多种优势矿种。

羌族人民的建筑保有与众不同的显著特征，地域特色鲜明，选择建造羌房的材料遵循因地制宜的原则，遍布羌区山野的岩石和当地盛产的黄泥是不二的选择。由此，根据建筑用材区分羌族民居建筑，可以分为三种形式，分别为石砌建筑、土夯建筑以及这二者分别与木材结合的建筑方式。若按建筑形式与用材划分，大致可以归纳为石碉楼、碉巢、石砌民居、土屋、板屋五种样式。羌族民居占地面积都不大，一般在50～90平方米，用石材、黄泥、木材等能就地取材的材料建造而成。

2.2 羌民族的历史沿革

据《后汉书·列传·西羌传》记载："羌所居无常，依随水草，地少五谷，以畜牧为主。"可见羌于古时属游牧民族，随水、草而生，以畜、牧为蓄。关于羌民族文化的根源，现今大致有两种论说。一种说法由著名建筑史论家张良皋教授提出，他认为中华民族的"胚胎"在云南，今日留驻在阿坝藏羌自治州的羌人的祖先是元谋云南的先民，先人经历北迁，越过岷山后到达甘肃黄土高原，这便是后来遍布中国西北的氐羌，最终迁徙至岷江上游；另一种主张来自当代大学者任乃强先生，他认为氐羌本就源出西北，后来沿岷江河谷南迁。虽二位先生观点不尽相同，但对于现今岷江上游这一支羌人源溯西北游牧民族这一点却不谋而合。[1]

羌族在我国民族史上占有重要的席位，其历史可追溯至3000多年前的殷商时代。羌人在那时还是西戎牧羊人，分散在西北地区，是以畜牧为主的游牧民族，活跃于黄河上游、洮水、湟水以及岷江上游地带。汉代时期经历过两次较大的迁徙，古羌人一支流入青藏高原，另一支成为岷江上游地区羌人的祖先，其余的便与汉人混同而居。现今羌族只有30万人口，但那时古羌人种族庞大，波及地区广泛，乃至是现今许多少数民族的祖先，如白族、哈尼族、彝族、傈僳族等。

2.3 羌族宗教文化的形成与发展

人类文化的发展就是一个不断适应自然环境和社会环境的过程，在适应的过程中，首先应该是对大自然的适应。生活在不同环境中的人们，在适应自然环境的过程中逐渐建立起自身的文化体系、生活习俗和住居环境。

1　季富政. 中国羌族建筑［M］. 成都：西南交通大学出版社，2000：5.

2.3.1　羌族的宗教文化

在羌人眼中，万物皆有灵，他们崇拜天地，也崇拜山林，崇拜先祖，也崇拜万仙，他们是多神崇拜民族。他们把崇拜之物奉为神，因此出现了最具代表性的白石神、火神、角角神与中柱神等。

白石神是羌人信奉的最高天神，羌人堆砌白石于民居建筑最高处以镇宅庇护，保卫族人；羌人也崇拜火，视烈焰为太阳的力量，主室中的火塘便是这一精神的物质载体；角角神位于民居主室（相当于今天的起居室）四角中的最重要的一隅，用于供奉各路神仙及家中先祖；中柱神便是羌人的一屋之魂——中心柱，他们将中柱视作维护宗族与家庭凝聚力的永恒力量，对其如神一般敬畏。平日里即便是小孩都不得触摸，若有人病痛亦会被认为是触犯了中柱神的后果。这种精神寄托有如古时在游牧时期对待帐幕中的立柱一般，是结构支撑，也是心灵支柱，更是一家之魂。由此，我们不难看出，主室中的中心柱便是把恋祖情节缠系其上，为古时候北方游牧时期所用帐幕中心柱的遗制。

2.3.2　释比文化

羌族释比（巫师）是沟通人、神、鬼三者关系的使者，羌族的图腾崇拜是羊，他们没有文字记录，所有的羌族经典，例如语言、经文、艺术、习俗等，都是由部族释比以唱经的方式在口传心授的过程中世代承袭下来，所以释比是羌民族的灵魂，是羌族人中的最

图2-2 释比所用占卜法器

高权威者，也是羌族文化与知识的集大成者。他们神秘的装束和使用的法器悠远古朴（图2-2），村寨中占卜凶吉、驱灾治病、祭祀驱邪、许愿还愿等法事活动都由释比完成，他吟唱的经文串掇起来就是羌民族的一部史诗般的民族史。

在羌族的宗教艺术中，释比是具有超人格感召力的宗教存在形式，其做法和巫术具有神秘色彩，是羌族宗教仪式中极负影响和传奇色彩的艺术表现形式。[1]在羌族语言中，"释比"也称"许"，他们是指代专门从事宗教活动的人，且仅限于成年男性才可以担任，在羌族社会中拥有较高的地位。

这些文化习俗和宗教信仰对羌族民居的室内环境营造产生了巨大的影响。

---

1 周锡银，钱安靖. 羌族的古老宗教性仪式和巫术 [M]//中国各民族宗教与神话大辞典.
   北京：学苑出版社，1990: 525.

第 **3** 章

羌族聚落环境的特征

今天的羌族聚居区主要集中在四川省西北部的阿坝藏羌自治州，这里山高路险，地形复杂，高原气候特色明显，物产极为丰富，具有明显的高山与河谷两种截然不同的生存环境。

"历史和文化的发展不能摆脱人类在时间—空间上所处的特定自然条件。一则，人类本身便是自然的产物，其生存和发展要受自然法则约束；二则，人类的生活资料取之于自然，人类劳动的对象也是自然，自然和人的劳作结合在一起才能构成财富（物质的和精神的），才能造就文化，人类文化的成就，不论是房屋、机械还是书籍、绘画，都是自然因素与人文因素的综合；三则，人类的一切活动，包括生产活动、生活活动，以及政治、军事活动，都在特定的地理环境中进行，并与之发生交互关系。"[1]

任何一种聚落和民居都有其独特的地方，承载着该民族的历史和传统家庭形态，羌族聚落和民居自然也有其与众不同的特点和建筑文化。

3.1 羌族聚落选址及分布特征

羌区地形复杂，几乎所有的羌寨营造之初，都是在继承羌族先人对选址的生存保障功能要求的前提下进行的，以耕地和水源为首

---

1 冯天瑜，何晓明，周积明著. 中华文化史（第二版）[M]. 上海：上海人民出版社，2005：23.

要选择条件（图3-1），充分结
合山坡地形，注意根据经济、
用途和便于生产、防御等条件
来选址和用材。在保障生存的
前提下，羌族人根据当地的地
理、气候、自然资源等客观条
件，因势利导，逐步协调好人
与自然的关系，创造出我们今
天见到的、独特的、一村一景
的乡村聚落景观。

图3-1　老木卡羌寨村民正在取山泉水

3.1.1　河谷选址的特点

　　河谷聚落的羌寨，一般建在河谷沿岸缓坡较多的地带，这里气
候较暖湿一些，水资源充沛，交通便利，民居大多面向河谷，背靠
大山。河谷村寨的修建顺山势地形而为，所以一眼望去，层层叠
叠，参差错落，颇为壮观。河谷地带的缓坡较多，且土地肥沃，利
于耕种，谓之"第一台地"，羌寨村民开垦出河滩作为耕地，用石
块堆砌成阶梯状。同时，生长在河谷两岸的植物的根还能涵养土
地，防止水土流失。民居建筑一般都依附山势而建，所选地点多为
无法耕种的荒坡。这样选址的好处一来是节约可耕种的土地资源，
二来可以充分利用山间流水灌溉农田，浇过田的水可以经土壤过滤
后二次进入大自然，整个循环过程环保有效。河谷聚落选址，以理

图3-2 理县桃坪羌寨

县的桃坪羌寨（图3-2）、木卡羌寨、通化寨最为经典。

3.1.2 半山选址的特点

羌人选择半山居址依然是由农耕地和水资源决定的，多选择在半山腰的台地和缓坡地带，高出河谷海拔400～800米。这里地势较缓，视线开阔，适合农耕种植与居住生活。山腰地带的村落建筑一般沿等高线布局，自然而然地形成一道道流畅的建筑风景线。绝大部分住宅都是平屋顶，羌人将其作为劳作和生活功用的晒台，毗邻住宅的屋顶平台相互连接在一起，方便生产生活和邻里之间的交往

图3-3　老木卡羌寨连成一片的屋顶

（图3-3）。同时，半山腰选址还有利于战事防御，由于家家户户各平台连接成一片，便于依托地势之险，防御外来部族的入侵。

半山聚落选址，以薛城的佳山羌寨等为典范。

3.1.3 高山选址的特点

古羌人当年迁至岷江上游时，多以高山作为村落的选址。选址于高山完全是出于战争防御需要，在当时的历史条件下，古羌人时常与外族人发生战争和械斗，这种选址有利于古羌人的自我保护与生存。况且，高山海拔甚高，地势险峻，此地本身就易守难攻；同时山顶及附近缓坡台地树木相对稀少，草场甚多，成为高山羌人的耕地及牧场。

高山聚落选址，以茂县黑虎羌寨（图3-4）和赤不苏地区的曲谷乡诸羌寨等为典范。

羌族聚落的三种选址各有优势，究其根本原因，都是因为当时特定的历史环境促成了特别的选址方式，从而造就了浓厚的羌族村寨聚落的景观特色。归纳总结起来，羌族村落的选址要考虑到地理环境、气候条件、耕地、牧场、水源、交通等多方面的综合因素，最根本的因素是耕地、草场和水源。按照历史时间推演，从古至今羌人的选址有海拔越来越低的趋势，这是因为和平年代替代了不安的社会动荡，羌人们也更愿意迁居于自然条件更加优厚、更加宜居的河谷地带。

图3-4　黑虎羌寨

3.2 羌族聚落的形态

羌族聚落多分布在河谷、半山、高山这三类垂直地形上，因人为建筑主动适应自然地形和气候变化，呈现出来的样貌不尽相同。聚落最初便规划成组群状，村落之间彼此支持，有的聚落布局是围绕一个主村寨而展开的，看似分散，实为一个整体，极具特色。羌寨聚落景观特色鲜明，气势宏伟，受山地环境制约显著，沿等高线布局，绝大部分羌寨，其建筑都有条不紊，层次分明，与大山环境互相融合，互相衬托，令人赏心悦目。

由于羌族杂居于汉族、藏族两大民族之中，所以羌寨在保有自己的独特个性外，还呈现出灵活多变、多类型、多形式的空间组合。

古羌人在游牧经历中以帐幕为居室，中立一柱，称为"中柱"，所有室内活动都围绕此中心展开，这一古制留存至今。这种以一中心为据点的生活方式已经潜移默化地成为羌人的精神构筑形态，从羌人建造的古老村寨中，处处都能体现出"中心"形态的存在。所以大多数羌族民居村寨的构成形态基本是由大大小小的"中心格局"组成，"中心格局"主要有三类典型：以碉楼为中心、以水渠为中心和以道路、磨房为中心的羌寨格局。这些构成中心空间的景观节点在多重组合中，呈现出羌寨空间的多样性与自由性。

3.2.1 以碉楼为中心的民居组团特征

在有羌碉[1]的村寨中，民居的分布一定是以碉楼为中心，无一
定秩序地按照功能划分围绕碉楼展开布局。原因是碉楼历史上的防
御功能使之早已积淀成为村民心理上的依赖，以及精神上的寄托。
碉楼高耸入天的威严感，使其成为羌民心中最为膜拜的建筑物，所
以羌民修筑碉楼一般会选择一处环境佳地，再根据碉楼的位置修建
用来住居的房屋。这样突出碉楼中心位置的布局并不是刻意强调个
体意识，而是由客观存在的生存条件决定的，是军事斗争的需要。
羌族的村落看似自由散乱，但因其有向心的布局特点，再加上过街
楼的串联，使得整个村寨布局散而不乱（图3-5）。

在有碉楼的村寨中，寨中格局是以其中一两家最为高大的碉楼
为中心，其他若干碉楼和民居建筑犹如众星捧月，烘托出这一两个
碉楼的主体地位。

位于汶川县的羌峰寨，是以公家碉楼为中心的民居组团。碉楼
背山面河，羌民家的住宅有节奏地在碉楼周围环绕展开，并依随山
坡地势层层递升，营造出非常壮阔的村寨聚落景观氛围与空间秩
序。碉楼的高耸威严与民居的错落有致显得村寨组团之间松紧自
如、相得益彰，加之背后山脉蜿蜒，前面河谷汤汤，四周又绿荫掩
映，围合环绕，更加强化了以碉楼为中心的村寨民居组团的凝聚力。

---

1 羌碉：羌族碉楼，羌族民居的标志性建筑物，古时用于军事防御、粮草储藏等战备
作用。

图3-5 羌寨的中心碉楼

在有些村寨中，家碉和寨碉相映成趣。民居分成若干组团围绕家碉而展开，而整个村寨布局又以其中最为高大壮硕的寨碉为中心，因此营造出一种碉楼林立、主次分明的空间聚合关系。

以碉楼为中心的村寨的大空间布局，为其余小中心空间进行铺垫，从整体上把控着村寨民居建筑的布局。但并不是每一个羌族村落都有碉楼，甚至有的村寨根本从来就没有建造过碉楼，那么所谓"中心"聚居的组团空间自然便是多类型的了。

3.2.2 以水渠为中心的村寨空间

羌人聚居居住的区域处于岷江上游地区，海拔高，高山众多，气候温差大，山顶终年积雪。羌区的生活用水来源于山顶的积雪，积雪融化，汇入河流，水量充沛，水质纯净。族人利用山间的流水落差，人工开凿水道将雪水引入村寨中，不但开创了羌寨特有的水网设计，还产生了高山和河坝两种水系特征。

有水渠作为中心空间的羌寨大多在河谷沿岸，几乎每个寨子都有融化后的雪水从山间流过，村民开挖沟渠，将山泉引入寨中，形成一个生态的水循环系统。引入寨中的河水，穿过寨门，穿过磨坊，穿过过街楼，穿过每家每户，成为村民的饮用水来源，也是灌溉植被、庄稼的水资源（图3-6）。因此，在有水渠贯穿的羌寨中，我们时常可以看到暗渠、明渠错综交替，羌民们精心培育的绿植与穿插的水渠相掩成趣，环境悠然雅致。这便构成了以水渠为空间中心的村寨景观。

位于理县的桃坪羌寨的水渠在众多羌寨中最具代表性，这水渠不同于羌寨碉楼以军事防御为出发点，而是为生产生活而考虑。流经寨内的水渠几乎全为暗渠（图3-7），过去主要用于解决外敌久围不撤的用水问题，清水经过地下一番循环又从东、南、西三面破口而出，形成一个自然有机的供给排水体系（图3-8）。桃坪羌寨的

图3-6 巷道地下水

图3-7 地下水暗道

图3-8 外露地下水

民宅、水磨房、道路、过街楼、绿植景观都沿着水渠两岸布置，以水渠为中心，依附水渠而构建。村寨筑建材料以石、木为主，朴拙且厚重，而水渠有轻快灵动之感，这些来自大自然的元素经羌民之手后，使得村寨景观虚实有致、相辅相成。

水是生命的象征，它所到之处生生不息，稍稍施以雕琢，便能像川流般滋润万物。在桃坪羌寨中，以水渠为中心塑造的村寨景观相比于其他没有水渠的村寨而言，更多了一些灵动的韵味和人文的气息。

3.2.3 道路、磨房营造出多中心的村寨空间

羌族村寨中心空间的形成，并非是单调独立且绝对化的，不少村寨中心空间纳碉楼、道路、过街楼、水渠于一体，呈现出空间中心的多样性与自由性。如位于阿坝州理县的老木卡寨、桃坪羌寨等，都是集多个中心空间于一身，道路、过街楼、水渠交汇贯通，形成多中心空间的村寨景观。由此可见，各村寨以其自身条件形成各具特色的空间中心，形形色色，绝无雷同之现象，正有如羌族人安排室内居住格局一般，形态万千却又和谐融洽。

（1）以道路为中心的空间格局

石板小道在村寨民居间四处穿插，遇道路交叉的地带便呈现"十"字形、"丁"字形路口节点，节点处的道路路面变宽敞，四周民居又将其围合，这种交通枢纽地带便呈现出似天井一般的中心空间。村中道路将民居组团划分开来，却又像纽带般将组团之间相互

连接起来，若民居组团分为两处、三处甚至更多处，于是便形成了多中心空间的格局。

（2）以磨房为中心的空间格局

羌人的水磨房（图3-9），是羌民族由半农半牧型社会转为农业型社会在建筑及水利上的重要标志，是自给自足生产关系的重要写照。羌寨磨房分为公用和家用，但最多的还是家庭磨房，它通常与自家宅院相通，村民引渠中水入宅，在自家作业，这种古法至今在羌寨中仍很常见。有的村子拥有公用磨房，这种磨房除了可以满足村民劳作的功用外，其本身也是羌民们喜爱聚足闲聊的地方，因其房前通常留有一片空地，可容居民们三五成群、闲逸聊慰。所以若论人气，磨房便取得头彩，成为羌寨中村民喜爱的人气中心空间。

图3-9　村寨中的公用磨房

不论是私家磨房，还是公用磨房，羌民似乎都心照不宣地将这种简单、原始的手工劳作方式保留至今，并乐此不疲地维持着这种和谐的情趣。与其说羌人喜爱使用古制农具劳作，不如说他们更爱看到彼此的容颜，一齐相聚，一道交谈，一同劳作。

羌民族是个古老而传统的民族，在羌人的身上我们能看到很多中华民族优秀的传统文化，羌人注重家室，注重人与人的情义，更注重如何在天地间生活，因而我们从羌寨的建筑、景观中剖析出来的形态、意义，无不在证明羌民族拥有着原始而强大的凝聚力量。

从建筑形态上看，小到室内空间格局，大到村寨空间分布，似乎都离不开"中心"二字，这是由羌民族的生存意识决定的，当然，这一点也渗透进了羌民日常的生活之中。

3.3　水系空间的可持续性利用

土地肥沃、物产丰富的成都平原享有"天府之国"的美称，终年不受旱涝灾害的侵扰，因位于其上游的都江堰，早在两千多年前就已经分配好成都平原的灌溉用水问题了。都江堰水利工程地处长江上游支流的岷江河水流域，其水利工程已为整个成都平原造福两千年之久，至今仍在发挥着作用，造就了整个平原地区水文化的文明史。而位于长江源头支流的岷江河水上游流域，可以说是孕育水文化，将之孵化诞生的地方。

岷江河水上游流域是羌族人民聚居区域。羌人善于得水、用水、排水，他们能够用巧妙的方法使水成为取之不尽、用之不竭的能源所在。在位于河谷地带的老羌寨中，几乎每个村寨都共同修建有村寨公用的水磨房，此种磨房的最大优势是依靠水利而没有任何能源的消耗。

水动力磨房的原理很简单，先从岷江河水中开挖沟渠，引水入宅，利用山地天然的高度落差以流水的冲力为能量，成为没有任何能源浪费、纯天然无污染的水动力磨房（图3-10）。

羌人一直将此原始且古老的磨房运作方式完整地保留下来，始终没有以现代的高科技农业器具将之彻底代替，至今还会用它来磨面、磨豆子，享受从原始的劳作方式中得来的快乐与满足，这是一种羌人对生活热爱的表达方式。

羌人善用水，对水的安排利用在有水渠暗道的村寨中也得以显现，如桃坪羌寨的水网系统、羌锋寨的地下水道等。

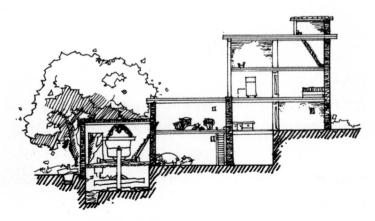

图3-10 羌族民居私家磨房与建筑剖面示意图

在羌族人的传统观念中，民居建造的选址不能离水源太靠近，需要与水源保持一定距离，亲水而不近水。他们认为人靠水太近会犯扰水神，水神来年就会惩戒人类。也正是因为这种信仰观念，羌族人才坚持了千百年来对岷江河水流域的保护，使下游的水质也能保持健康的状态。坐落于理县的桃坪羌寨和汶川县的羌锋寨都分布于岷江河水流域和杂谷脑河沿岸的缓坡台地，每个村寨都各自有引河中水入羌寨的暗道沟渠，渠中水进入寨门被分成若干细流，由寨中专门掌管水事的人分配村中人家的用水。渠中水在村寨中经流，一番巡回后，又从地表水渠汇入大河，形成一个自然的、生态的、无需人工动力的天然水循环系统。

值得一提的是，当水渠流经民居建筑室内的时候，在羌族人的家中通常都会用祖祖辈辈流传下来的石制水缸储存用水（图3-11）。这种水缸由一整块大岩石人工锤凿而成，或直接从室内石壁上凿出一个半截石缸，泉水经由石壁内暗道流淌进入缸内。据知情人士透露，这种天然石制水缸中的水杂质，能通过生物氧化作用使水溶性的锰及胺离子被沉淀后去除，最后得到的水味清甜、甘润。羌族人家中的石缸几乎都是已经使用了几十年，甚至上百年的，养育了几代人。羌民之间有个说法，水缸越老水就越甜，家境也就越兴旺。

不论是水磨房、水

图3-11　某宅室内石质水缸

渠暗道还是石制水缸，都可以看出羌民们在用水方面坚持的生态观念。这种尊重自然、因势利导、自然循环的用水态度，才是可持续性文化中最为珍贵和值得提倡之处。

3.4 民居建筑内外空间的转换特征

3.4.1 公共空间的高效利用

古老的羌族民居建筑位于深壑纵谷、高山之巅，其海拔之高、地势之险、环境之劣，可想而知。羌族民居依山居址，以岩石结构作为建筑基石，以山体轮廓决定民居走向（图3-12）。因此民居与耕地的占地面积不可能过大，如何高效地利用有限的土地，是羌族人民关于生存话题而共同面临的第一课题。

羌族民居一般分为三层，牲畜位于底层，人居住于中间层，上面还有一层储藏室或直接为晒台。主室空间往往处于二层的中心位置，日照采光是室内空间首先要解决的问题。羌人还喜爱制备腊肉、香肠等美味，将已腌

图3-12 建于山石而上的羌族民居

制好的腊肉、灌好的香肠悬挂在主室中的顶棚或挂火炕上，任由火塘的火长年累月不断熏烤，使之水分蒸发，可以长期保存而不失肥美。羌人的火塘中的火称为"万年火"，终年不熄，主室内也由于常年受到烟雾熏烤，变得焦黑暗黄。因此，羌族人独特的风俗习惯带来的问题棘手且复杂。

天井的出现，完全解决了空间照明不足和室内烟雾排散的问题，是室内解决公共空间问题一举多得的典型范例。天井也称为升窗，开于主室内火塘上方，与晒台和外界空间连通，若主室所在楼层上面还有一层储藏间，则储藏间的地板被开设方口，同样开设相同面积的天窗于此层的顶棚上，成为天井。通过天井，外界空间与主室空间相互融通，而外界空间由于风力作用，压强小于室内，固室内烟雾自然往高处升起，排往屋外。盖上天井木板，便可遮风挡雨。同时，天井下方悬挂一挂火炕，用于钩挂腊肉香肠。此种天井做法集采光、排烟、钩挂于一体，可谓一举三得。

主室中的火塘也不仅仅用于烧火煮饭。有的羌族人家会在火塘周边围一铁圈，上架以木板，组成方桌，平日便可于此处用餐。火塘此时化身为集起居室、厨房、饭厅三种功能于一身的公用空间。

过街楼是连接民居组团之间为节约空间资源而出现的过道形式。过街楼是民居之间的串联线，其下方形成一条条可供人通行的隧道，隐秘一些的隧道则成为暗道，成为迷惑敌人的有效交通方式。过街楼往往处在四周民居环绕的视觉中心位置，从景观构成的角度来说，过街楼就是一个景观节点，它使交通流线向垂直发展，就像公路上的立交桥一样，是对纵向公共交通空间高效利用的结果。

说到立体交通，公共空间的高效利用同样也存在于民居屋顶的晒台中。晒台是民居建筑室内连接室外空间的平台。在一个羌族村寨中，羌族民居的晒台具有家家户户相互连接、互通往来的特征，它们共同组成整个村寨的上层交通空间，与地面交通空间形成一个立体的、网络状的、全方位的交通流线系统（图3-13）。

羌族民居建筑并不是一个独立的、封闭的建筑单体，而是一个有内在联系的、能呼吸的有机系统。内与外只是一个相对概念，公共空间是连接内外空间的核心空间和交通枢纽，内外空间在这里得到转换，使之以更有效率、更合理的方式服务于羌族人的日常劳作和生活，成为羌族民居建筑文化的有机组成部分。在羌人的生存观念中，唯有团结才能有希望取得胜利，这也是羌族民居建筑及其室内环境设计之所以经常以集体化、多功能的概念出现的原因之一。

图3-13 高效利用的晒台空间

固，羌人在处理公共空间关系时，实用、高效是其主要的出发点
之一。

3.4.2 内外空间渗透构成"图底关系"

　　羌族村寨内部空间与外部空间互为依存，组成一个个单元，进
而连成一片，成为一个有机整体，民居建筑空间的内外并没有明确
的界限划分，即使在内部空间也能与室外互通相连，即便是作为外
部交通空间的隧道也有封顶。

　　室内空间的顶面与底面构成的是不对称的包合关系。事实上，
顶面是在底面的基础上把空间抬高，是具体底面界限的复制面。人
站在外部空间，实际上是站在封闭的具象图底的底面，并由周边建
筑构成的半封闭状态的开放空间；人站在室内空间，实际上是位于
半包围状态的图底底面，和半围合状态的封闭空间之间。内部空间
的边沿即为民居建筑的外轮廓线，外轮廓线沿建筑立面向上抬升，
形成与图底相对应的顶面空间，底面边沿与半开敞状态的外部空间
相连，共同构成具有三维立体维度的"图底关系"。

　　所谓内外空间的渗透与层次关系，从古羌寨中民居建筑的布局
方式，以及底层和顶层空间的对影轮廓中得到充分体现。其中数位
于理县的桃坪羌寨体现得最为彻底（图3-14）。

　　桃坪羌寨是目前羌区内保存最为完好的羌族村寨之一，在战争
防御体系与空间开合关系的运用上都是典范，具有很高的研究价
值。桃坪羌寨的民居建筑密度很高，一个墙体可以成为两所甚至三

所民居公用的承重墙，民居
与民居之间相互紧挨，巷道
之间互相穿插，内外空间频
繁转换。桃坪羌寨的图底关
系的构成是由村寨边缘建筑
轮廓线和屋顶平面层共同决
定的，建筑轮廓线划定范围
内构成底，其顶层面是由底
在竖向空间向上升高后所形
成。建筑外部空间经由过街
楼、巷道、楼梯等与内部空
间相互渗透连接，成为介于
半封闭与半开敞状态的空间
过渡，是半虚半实的空间结
合体（图3-15）。

桃坪羌寨的内部与外部
空间连接转换的处理方式，
正是印证图底关系的空间渗
透的道理，也是整个村寨空
间环境显得奇妙变幻和富有
艺术魅力的原因所在。

图3-14 桃坪羌寨巷道

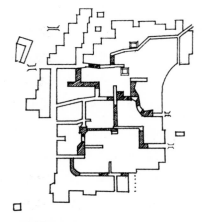

图3-15 桃坪羌寨过街楼及暗道图

第 **4** 章

羌族民居建筑的特征

现今居住在我国境内各地区的羌族，唯属岷江上游地区的羌族聚居区保持了自远古以来最为纯正的羌人古风。那里民风古朴，存留有数量可观、匠心独具的古羌寨和民居建筑，因此，成为大量羌族建筑、历史、文化研究者必去参观考察之地。笔者利用假期到老木卡羌寨、黑虎羌寨、桃坪羌寨、萝卜寨等地对民居进行走访调查，近距离感受羌人的住居环境和生活习俗。

4.1 羌族民居营造的影响因素

人类历史上几乎所有原始民族自身文化中，宗教文化都是极其发达的艺术文化的支系，这种发达源自于人类对科学的渴望和对生命求知的欲望。但在古时候，由于知识学问的局限，还不到发掘科学真理的时机，人类便从自己精神世界的角度主观上进行构想，创造出能够慰藉自己内心的恐惧与焦虑、神奇而伟大的神的存在，由此，宗教文化得以盛行。

纵观羌民族的人文发展历史，从开始迁徙到达岷江上游起，接着开拓、定居、发展直至今天的生存状态，无不是一个羌族人不断自主适应自然环境和生活条件的过程。在逐渐适应的过程中，首先应该适应大自然的天然条件，而生活在不同环境中的羌族人，在适应自然条件的过程中逐步建立起自身的文化体系、宗教习俗和住居环境。羌族人在这样的历史成因下发展出一套健全完善且神秘多彩的独立宗教体系，且其精神内涵贯穿着整个羌族人的人生观、价值观、生态观，这些不可避免地影响了羌族民居建筑及室内环境设计的内涵和形式，成为羌民族文化中不可缺少的重要部分。

宗教特征体现之处往往是一个民族民居建筑之精华、之魂魄。羌族人的民居建筑处处体现着羌人的宗教思想与风俗习惯，也正是由于这些特征使得羌族民居建筑与其他民族或地区的民居建筑有所不同。

羌民族是一个多神信仰民族，其对神灵的尊重与爱戴会表达在羌族民居的建筑和室内环境之中，民居建筑寄予着羌族人祖祖辈辈的信仰与希望。这些文化习俗和宗教信仰对羌族民居的室内环境营造产生了巨大的影响。

体现在建筑表达上，例如，位于羌碉最高处和民居建筑屋顶四角通常会放置白色石块，这是羌民族宗教信仰的最高代表白石神，是羌人对天神尊崇的表达方式，也是羌族民居建筑独有的白石崇拜文化现象。羌人也将对神的崇拜表达在门、窗、柱等建筑构件上，譬如搁置羊头于大门门头、雕刻羊纹图案作为窗花样式，这是羌人动物崇拜中对羊的尊崇表达。

在室内环境设计中，从硬件设施来讲，主室中的火塘是羌人寄托对于火的崇拜的表达之一，火塘中的三角铁架神圣而不可侵犯，命之为火神，它是羌族人几千年来祖祖辈辈遗传下来的民族火种；中心柱是羌族人的精神支柱，是古羌人帐幕的中央立柱之遗制，象征着顶天、立地；角角神位是羌族人安放祖先与家神神位的地方，寄托着一家人的夙愿与情怀，有的羌居面积较大，专门设置堂屋来供奉神像。这三者安放于主室内，是宗教信仰表达的集中化体现，就算在家境相对贫寒的家庭主室中，这三样也缺一不可，且最为重要的是，三者位于一条中心轴线的风俗习惯是羌族人心中的铁律，不可动摇。

从装饰的角度来看，羌人会利用一些神画、神符和神器来装点主室环境。神画一般挂于角角神位的两侧，依次展开，在神位的龛头上还会用神符贴于其上，或是有的用彩纸剪成的小花贴于神龛柱头，以作点缀（图4-1）。羌人还将一些兽石供奉于屋顶女儿墙的祭祀塔，或是镶嵌于碉楼的石壁中（图4-2）。羌族人信仰的神灵多达30余种，大致分为自然神、家神、劳动工艺神、动物神这四大种类，并且羌族人热衷于将他们的信仰文化表达出来，装饰于山林、村寨、民居建筑、屋内各处。这些宗教文化的表达形式，丰富了羌族民居建筑语言和装饰语汇，形成了极富羌族地域景观特色的民居寨落。因此，从羌族宗教文化信仰的角度来看，可以说是多神崇拜的民族文化造就了羌族民居建筑文化。

图4-1 室内神龛旁装饰画

图4-2 碉楼内嵌入石壁的神像

4.2　羌族民居的特征

4.2.1　羌族民居精神之白石崇拜

在许多典型羌族村寨当中，经常可以看到民居屋顶四角处和碉楼顶部搁放有一块白色岩石，这便是羌族人心中神明的最高代表白石神（图4-3）。在羌族的宗教信仰中，白石可以代表一切神灵，代表天地之神、山林之神、火神，代表劳动之神，代表家神，也代表地位相当重要的羊神。[1]

羌族白石神信仰的来历，在史诗文献《羌戈大战》中有记载，其中记述羌族人从西北迁居到岷江上游分为四个历史阶段：迁徙、开拓、定居、发展。相传在迁徙过程中古羌人一直饱受战争折磨，是始祖木姐将白石变作雪山，挡住了不断追击的敌人，才得以成功南迁来到岷江上游。但战争并未就此结束，羌人又与当地的戈

图4-3　民居上方的白石

1　胡鉴民. 羌族之信仰与习为 [J]. 边疆研究论丛，1941.

基人卷入战争纷乱中,后来不知是谁在梦中得到天神几波尔勒的启示,最终用白石击败了戈基人,羌人才得以安定。于是羌人为报答神恩,以白石为介,供奉于村寨中,自然而然地成为村寨及族人的保护神,被看作是团结、勇敢的象征,在传统社会中有着巨大的精神整合力量。

随着社会的发展,羌人越来越多地与外界交流,族人传统的寨落集体社会观念逐渐被削弱,转而家庭社会观念相对得到提升,表现在宗教文化上便出现了村寨集体性祭祀仪式越来越淡化,而增添了更多的家庭类的白石神明,祭祀仪式也更多地以家庭为单位来举办。羌族人的多神信仰文化并不是一开始就既定的,而是由信奉一神延展出30多尊次要神,神坛也由置于屋顶演化到了室内,这反映出羌人从团体精神到更多地满足个体精神需求的转变。

4.2.2 羌族建筑代表之羌碉

碉楼是羌族村寨中最具特色的建筑,古时候主要将它作为军事防御之用,用于瞭望、防御、传递信息等,类似烽火台的功能。碉楼是羌族人民自创的一种建筑形式,是羌族人民骁勇善战之精神的证物,是羌民族历经3000多年历史磨难的印鉴,也是至今能亲眼见到的、最古老的古羌人的文化符号。

根据各种类型碉楼的功用,可将之分为哨碉、战备碉、风水碉等多个种类。哨碉(图4-4)以高见长,为瞭望、放哨之用,且内部可屯兵,建筑比例比较纤长;战备碉则偏矮,相对于哨碉较敦

实一些，通常会在一侧加一脊
柱，使之更加坚固耐战；风水
碉一般作祭祀之用，是羌族族
源、族系的代表，也是羌族人
的一种图腾。

　　碉楼还有家碉与寨碉之
分，寨碉是整个村寨的人共同
修建的，家碉则只有富庶人家
才有财力物力来修建。在古时
候，大多数碉楼作为战时防御
功用，和平年代时则用来畜养
牲畜、储藏粮食。若家中条件
允许，羌民大都会修建自家的
私碉。一是起到军事保卫作
用，二是象征财富与地位。如
位于黑水河流域的黑虎寨，碉
楼多是私家碉楼（图4-5）。有
碉楼的人家便依附碉楼，顺
借高山地形用本地石材修建碉
房，底层用于牲畜养殖，二层
用于生活起居，三层及晒台一
般用于粮食晾晒和储备。在一
户羌族民居中，私家碉楼处于

图4-4　黑虎寨寨前哨碉

图4-5　黑虎寨11号私家碉楼

房屋一角，碉楼与碉房每一层都可互通。古时碉楼功用较单一，现今有些人家亦将碉楼的二层甚至三层作为日常起居之用。

4.2.3 四通八达的空中交通系统

在羌族村寨中，村民修建的羌房家家户户左右互通，上下相连，在外人看来一般是看不出明显"界限"的，不熟悉路况的人走在其中，很容易如进入迷宫般不知所往。在过去经常发生战乱的年代，这种空间安排也是羌民为迷惑敌人而有意为之。过街楼（图4-6）也是羌民为生活便利安排居住空间而出现的结果，过街楼横跨窄巷，在纵横交错的巷道中形成黑暗幽深的暗道。暗道因过街楼而异，或长或短。以巷道和过街楼的组合而形成空中交通网络，是羌民族较为普遍的村寨功能追求，进行形成丰富多样的村寨空间。

过街楼这一元素承袭了羌民居"四通八达"的特性，如"桥梁"般链接着羌族民居的上层空间。过街楼的出现更加丰富了村寨道路的空间层次，过街楼与道路一横一纵，使得整个中心空间更

图4-6 桃坪羌寨过街楼

加具有艺术性和富于变化。当人穿行巷道直面过街楼而行走时，视线可以清楚地看到横跨街巷的过街楼，因此村民在修建过街楼时十分注意材料的选择和立面的美化。木材轻且易加工，是筑建过街楼的不二之选，木窗及雕花的形式、色泽也要经村民的一番讲究。

　　在羌族民居建筑中，除坡顶板屋这一形式的房屋屋顶是斜面样式外，碉楼房屋、土夯羌房等都是平屋顶，这也是许多少数民族民居建筑独特的造型特征（图4-7）。由于羌寨往往依山而建，寨中建筑沿等高线布局，前面一户人家的屋顶往往成为后面一户人家的晒台，各家晒台与晒台之间也可以互相连通，再加上过街楼连接着村寨中的各个民居组团，所以一寨之中上层空间处处相通，构成一个四通八达的空中交通网络体系。

图4-7　羌族特色平屋顶

4.2.4 羌寨民居建筑的一体化特征

"村寨规模的大小，也以耕地的多寡和集中与否而定。为了充分利用河谷和山地有限的平坦面积，在设计时均能密切结合山坡地形，分台筑室，目的是节省土方量。一般是平行于等高线自由布局，等高线走向平直时，则房屋顺坡配置，形成长条行列式；等到线走向弯曲多变时，则房屋布置随之改变，出现更多不规则的形状。这种处理，不但方便生活，丰富造型，更能节约土地、人力和物力。"[1]

羌族人筑建村寨时大多数将民居集中修建，房屋之间相互连成一体。在冷兵器时代，这样的建筑布局可以强化村民凝聚力，提高村寨的自我防御力，从而保障族群的生存和延续。

羌寨聚落空间的形成应该是一个适应自然环境和羌人生活的一个自然生长的过程，村落的选址、街巷的布局、民宅的选址及设计，绝非随意组合，而是几百年来渐次形成的，成为一个不可分割的有机整体（图4-8）。羌人的民居，从形态上看，依附山地地势修建，呈等高线排列状，因而整个寨子看起来鳞次栉比，连贯有序；从建筑结构来看，各户房屋也由形状不一的矩形空间串联，看似不规整却能形成一体；大多数羌寨每家每户相互紧挨，形成几个组团，组团与组团之间由过街楼相连，使整个村寨能够有机地聚合，过街楼下的小道也是暗道，平日寨民通过它相互往来，战时则作为地道可利于掩护，而外人进入此地又如迷宫，不易找到方向，这样

1　冉光荣，李绍明，周锡银. 羌族史［M］. 成都：四川民族出版社，1985：360.

的空间安排造就了羌族极富特色的一体化建筑样式和一体化村寨。

一体化的村寨在使用功能上，加强了同寨村民之间的紧密联系。此方式的修筑要点主要是村民在规划村寨时，需最大限度地利用可用空间，特别注意住宅与住宅间的间隙带，将之设计为过街楼或者封闭通道。这样的构筑方式，使各家各户都能

图4-8　木卡羌寨一角

互通，条条暗道贯穿全村，使整个村寨四通八达，既方便了本寨村民的相互照应，又强化了整个村寨的防备力和迷惑性。

自然环境决定羌族村寨建筑环境的构成，因此，羌族民居建筑环境的构成来源于羌区的大自然条件和地理环境。我们以河谷、半山以及高山三种羌族村寨聚落的选址条件和建筑特征为据，用以分析羌族村寨构成形态的类别，从中找出共性与差异性，最后将共性总结为羌族民居建筑环境最为典型的表现特征。建筑环境与室内环境相互贯穿共融，其表现形式与室内环境表现形式应是同出一辙、相辅相成的，室内环境构成要素并不能孤立存在，一定是与建筑和村寨环境处于普遍联系之中。因此，羌族民居建筑环境的构成要素之于室内环境要素构成应是唇齿关系，其建筑环境表现特征，如交

通网络系统、一体化筑建方式等构筑思想，在室内住居环境中亦有所体现。

4.3　纵向空间的合理划分

羌族民居在纵向空间的安排划分上也是非常独特的，其形成是有其自身道理的。在现代家庭室内格局中，待人接客所用的起居室一般位于建筑底层或一进正门便可进入的地方。而羌族人的民居一层却是用于牲畜养殖的圈舍，二层才是待人接客的主室（起居室）。

这种做法的原因有两点。其一，羌人住居依附山地地势，顺应坡地走势而建，位于最底层的石砌墙面，或多或少有一部分是埋于地坪表面以下的，不是所有建筑层面都能全方位地与外界互通。因此，在民居外立面上开设门洞、窗洞受到很大的影响，有一定的局限性，于是底层的采光和通风会出现很大问题。再有，羌区地处四川盆地，是潮气淤结之地，平日里即便住在相对干燥的高山上，也难以避免湿气侵扰。羌屋底层的室内环境直接连接地表面，舒适度很差，并不适合人的居住。相比较而言，二层空间干燥、温暖，处于地坪之上，当作人的主要活动空间和卧房空间最为合适。其二，若羌房一层用作蓄养牲畜，其楼顶平台则成为晒台，晒台空间与二层活动空间的连接得以更加便利。人从外部进入二层空间时，可以直接到达二层晒台，并从二层晒台通过木梯到达三层晒台。这样的纵向空间安排方式，使牲畜与人的活动空间相对独立，人的生活空间与劳作空间分中有连，使用起来更加便利。

羌族民居之所以基本以平屋顶的形式出现，也是对纵向空间合理划分的运用。羌族人生活在大山之中，交通、信息交流相对闭塞，生产生活基本处于自给自足的状态，因此需要一定的劳作空间来处理日常生活所需的食物、晾晒干货、纺织刺绣等事情。山区里可建造房屋的缓坡台地和可耕种的土地都极为有限，不能同时满足民居的建造、农业耕种和劳作所需要的院坝场地。因此，羌人从竖向空间想办法，利用羌房屋顶创造出劳作空间，于是羌寨便出现了鳞次栉比的晒台，形成了层层递升的浩荡景象。

笔者在探访老木卡羌寨时，发现一户结构有趣的羌房民居（图4-9）。该民居建筑在堆砌墙壁时，并没有将墙壁直接贴靠在台地较高的一面，而是将其往坡下挪出3米左右的距离，留出一个小院坝的空间。此民居共开三道门，从低到高分别是牲畜门、小院坝的门和主门，民居的主门开在背向河谷、面向大山的一面，在主门与主室之间以一廊桥连接，空间的组合与变化十分有趣。底层的小院

图4-9 老木卡寨某民居

坝，中间层的廊桥与主屋，再加上顶层的晒台的组合形式，使这户羌族民居的纵向空间变得灵活有趣，空间层次更加丰富多变。

羌族人民在对民居建筑空间划分时总是以最高效、最合理的方式处理，充分体现出羌族人民在建设家园中解决问题所采取的因地制宜方略上的强大智慧。

4.4 羌族民居的营造技艺

4.4.1 建材选取

建造羌房所需要的建筑材料，90%以上都是由老旧羌房拆卸下来后加以重复利用的，或是直接就地取材，从山林之中获取石料、木料、土料等天然建筑材料。

石砌民居建筑类型大多聚集在海拔1500～3500米的高山上，这里漫山遍野的裸露岩石是羌族人最易取得且最适合建房的廉价建筑材料（图4-10）。除了建筑基墙本身是石头做的外，室内包括一些细部构件、设施、家具、器物等也是用石头制成的，如石基、屋檐石、石床、石槽、石灶、石缸等。

由于羌族民居不可避免地会受到自然地理条件的影响，其所在海拔高度、气候条件等都直接影响到民居建筑用材，再加上羌区地理位置处于山脉断裂带，常常受地震、泥石流、山体滑坡等地质灾害的影响，所以能作为民居建筑材料的选择较少，主要以石、土、木、竹

图4-10　山石建成的老木卡羌寨

为主，室内结构及空间的营造材料以木、石、藤、麻等为多见。

　　历史岁月走过千百年，羌族民居也经历了千百年风霜，羌人依据不同环境发展而来的极具民族特色的羌碉羌房，不仅实用性、耐久性能极强，且所有使用过的构建材料都来自大自然，当然最终也能够回归到大自然，被废弃之物也没有环境污染问题，一切材料都可以被大自然吸收和化解。

4.4.2　传统风水

　　少数民族的宗教文化中通常比较看重风水和时节，在居所的营造文化中，羌族人祖祖辈辈都依循着先人流传下来的传统风水观。古羌人在发展村落的过程中吸取经验教训，生活经验教会了他们应该懂得敬畏自然，必须按照一定的风水观、自然规律去创造生活，有节制地、有条件地营造自己的生活环境。在他们的观念里，一切盲目的、无节制的行为都将遭到来自神的惩罚。

一个羌族村寨建房，几乎所有的自家民居都不可能依靠居民自己独立完成，一定是请村内或村外的能工巧匠和亲朋好友帮忙，在农闲时不急不慢地建成一栋自己心仪的居所。尤其是村寨中羌碉的修建，必须集合全村寨的劳动力量，合力完成。至于酬劳，准备一些稀罕干货，招待一些好酒好饭即可。[1]

羌人建房，在动工以前，按照惯例会请寨中释比来测算"吉日"，开工日期基本在每年的10月至来年2月中选择，这期间庄稼、牲畜是最好照顾的时候，请工比较容易，也不耽误农活。但最重要的是冬季的天气比较干燥，筑建羌屋的材料水分少，修建出的房子不易变形。

4.4.3 营造工艺

过去的时候，羌人将造房子看成是终生的事业，一所房子的修建往往是某个人一辈子都完成不了，甚至需要通过几代人的努力。因此大多数老房子都是分期段建造，对建造技术和工艺的要求都很严格。

传统羌族民居住宅按形态划分，大致三种，石砌民居、土夯民居、坡顶板屋，其中数石砌民居的建筑技术含量最高，典型羌寨有桃坪羌寨、老木卡羌寨（图4-11）等。土夯民居虽绝大部分建筑用材为黏土，但其基座和屋檐多数也采用石砌，例如汶川县的萝卜寨（图4-12）。坡顶板屋屋顶呈两片斜面，以石片依次叠摞于上，墙结构一般采用石材，也有用木材的，依当地地理条件而不同。下面主

---

1 羌族与汉族建筑的营造对比，参见附录一。

图4-11　老木卡羌寨

图4-12　萝卜寨

要探讨技术含量和工艺手法都略胜一筹的石砌民居建筑。

石砌民居的修建方法如下所述。首先需在地面挖出所需建造民宅平面形状的沟槽，深约0.5米，在沟槽内将片石堆砌成0.5～0.8米宽的户基，上抹搅拌好的黄泥浆，再进行第二次堆叠，反复交替操作，使石块与黏土胶合。砌石墙时，先砌入大石块再在间隙中插入小石块，之间缝隙以黏土填充。石墙内侧垂直于地面，墙体很厚，外侧墙壁由下至上逐渐收分，在古时人们没有测量工具，修筑过程中也不吊线、不绘图，收分大小的确定方式仅凭借工匠的目测和修筑经验，再者用手背或是人的身体位置来确定收分的大小。

石墙每砌至3米左右时，上架直径约15厘米粗的圆木作梁，再铺设木板，作为二层的地面。修至最顶层时，架设的木板可延伸出墙外，形成房檐，以保护墙体免受风雨侵蚀。屋顶晒台的铺设，需要再在木板上铺设茅草、竹条或木条，而后撒上细土，再用含有石灰质的鸡粪土浇淋，最后捶打压实。晒台厚度为30～40厘米，平面向引水槽倾斜。[1]

这样的修筑方法使墙壁平整、规制，不留间隙。石砌体墙具有相当大的厚度，具有很好的保温隔热性能，使屋内保持冬暖夏凉，增加了室内环境的舒适感。石砌体墙坚固耐用，石制房屋因此度过了千年岁月，历经数次自然灾害也依然保存完好。2008年汶川大地震造成一些不太牢固的羌族民居倾倒坍塌，但绝大多数的民居依然完好无损，可见传统羌族民居建筑手法抗震能力极佳，是很多现代混凝土、钢筋结构的楼房所达不到的。

---

1 李伟. 羌族民居文化 [M]. 成都：四川美术出版社，2009：7.

第 **5** 章

羌族民居室内环境的特征

与位于平原地区的四川省省会城市成都相比，地理位置相对僻远的羌人聚居区域被群山峻岭环抱，因此道路交通十分不便。今天从成都近郊都江堰市出发到达阿坝州汶川县平均只需要1.5小时车程，若退回到2012年以前，即在都汶高速建成之前，车程会是现在的两倍甚至三倍。然而对于古时期的羌人来说，人能走的路都还没有开辟完善，更谈不上马车或是机动车了，所有上山下山的路程都只能依靠步行。如果要出山前往成都平原，短则四五天，多则数十天。因此，羌人聚居区域相对于城市来说还是一个相对与世隔绝的地方，信息交流封闭，物质资源贫乏。

这一点对于羌族自身有益处也有弊端。益处是由于山高地远，与外界社会接触甚少，有利于羌民族自身文化的保留与传承，一些古制、古法更易于传承，村寨聚落及民居建筑环境更易维持原来的状态。弊端则是羌区属山区，交通运输、物资交换极为不便，在建造羌房时便只能依靠本寨资源与力量，其建筑规模与样式便有一定局限性，室内环境的营造也只能从简而终，灶具、家具、用具等设施和器具也相对简陋（图5-1）。在笔者考察时造访过的羌寨民居中，除较少一部分已经由商业开发过的村寨和家庭，大多数羌人生活依旧比较贫寒、艰辛，生活环境陈旧、破败。

图5-1   桃坪羌寨杨宅室内布置

正因如此，分析羌族民居室内环境的构成要素有两点重要意义，一是分析羌族民居的室内营造设计能够帮助羌民族完善自身建筑艺术文化；二是在羌族民居室内环境的营造方式中，挖掘出中华民族、古老祖辈先人的智慧结晶。这些都有助于在今后更新改善羌寨住居环境时保持其独有的特色，不至于在时代的大潮中被淡化消失。

5.1　羌族民居的室内空间格局

羌族民居室内环境的构成要素首先应该从空间构架开始，笔者在此节中将空间按纵向和横向划分，作为个体室内空间轴线。羌寨的组团建造方式比较特别，民居与民居之间无缝链接，屋顶（晒台）之间连成一片，不能将之按个体划分，因此在此节中将整个羌寨屋顶空间按群体划分，需单独列出。

5.1.1　室内空间的纵向划分

羌族民居建筑从纵向空间划分来看，大多分为三层，有的高达五层。羌族民居沿袭了干阑式建筑的样式，由于羌族人是农牧型民族，碉楼、碉房的一层通常被用作蓄养牲畜或柴薪堆放之地（图5-2）；房屋进出口与主室位于二层，供人们日常生活起居的卧室一般也在二层；三层为晒台和罩楼，晒台用于粮食晾晒与储藏。有的民居，依山而建，一层甚至二层的后墙壁都是直接利用山体的原生岩作墙，甚至有的民居的地板也为天然岩石。[1]

这样看来，底层与顶层是羌民日间劳作场所，中间部分则成为日常生活起居的空间，工作与生活的路线相互渗透，灵活多变。

羌族民居三层的标准模式中，不同的民居内部空间的组合相异，窑洞式或四合院格局的民居在很多羌寨都能见到，有的主屋开三门六扇，甚至还有中间有天井四周建房的汉区民居样式；有的外墙虽为石砌，而室内均为木质结构，雕梁画栋，明显受到了汉文化的影响（图5-3）。

图5-2　一层储藏室

现今碉楼已无战事需求，大部分碉楼空间处于闲置状态，而碉房内主室、厨房、卧房都安排在一个楼层或两个楼层，羌族一个家庭人口众多，生活在这一空间中不免显得局促拘谨。许多民居家中并无独立厨房，接宾待

图5-3　受汉室影响的室内门扇

1　吴宁，晏兆丽，罗鹏，刘建. "涵化"与岷江上游民族文化多样性［J］. 山地学报，
　　2003（1）: 16-23.

客、烧煮烹饪、就餐食饮等活动全在火塘所在的主室空间中进行，有的或将灶台直接安排在火塘旁边，一室多用。

5.1.2　室内空间的平面组合

碉房大都依山而建，往往一层或二层的后墙都利用原生岩作墙，其余外墙体和有的中间隔墙全用石片材料叠砌。从底部至顶层，墙体有收分，因而亦构成整体下大上小的收分状态，貌呈梯形，外形变化有致，空间形态十分优美。生活或活动主要集中于主室，主室的布置陈设丰富，其他空间则稍显随意简单，于是出现了统一的楼层功能和统一的外观形式。

然而在平面与空间组合上，几乎家家不同。羌族民居中，石砌式建筑最为典型之处在于丰富多样、自由组合的大小各异的内部空间布局，充分体现了中国传统中"因地制宜"的建房特点（即规划服从地块，按照地块的大小及形态空间来制定建房方案，并在其结构上顺其地形展开修建）。在普遍的三层标准模式中，内部空间组合和分割方式千姿百态，有下沉式窑洞型；有四合院格局型；也有受汉族堂屋影响，中开三门六扇，按汉族格局设神位，使火塘与神位分置在不同房间的类型。为了节约土地良田，房屋在布局上采取化零为整、化整为零的建房格局，让人感受到温馨、热情的家族气氛，享受到自由化的生活方式。

在典型的羌族石砌民居中，有碉楼的民居建筑和无碉楼的民居建筑之分。不论是哪种类型的民居，其大体平面格局不会相差太多。一进入羌居正门的房间，大都安排为主室，也就是整栋民居房屋中面积最大和最宽敞的屋子，也是房屋中的交通枢纽空间。若民居建于坡地，一般底层会被用作牲畜圈舍，房屋大门则会被安排在二层，而主室则位于二层中央位置；如若建筑修建在高山平地，则牲畜圈舍可能与主室设置在同一层，一层中央也就成为主室空间。羌寨碉楼内部空间高效实用，外部美丽壮观，与碉房遥相呼应，与自然界中的山势极为和谐，共同体现出羌族民居与大自然之间的和谐美、整体美。有碉楼的民居建筑中，碉楼一般处于平面格局中的一角，例如地处阿坝州汶川县布瓦寨的龙宅（图5-4）。其主室空间位于整个室内布局的中央位置，一进入大门通过一室外玄关便进入主室，主室中包含了火塘、神龛以及厨房空间，紧邻主室四周分布着面积较小的4个卧室空间。在一层平面空间最外围则是围绕着碉楼空间、劳作及储藏空间。这样看来，整个平面空间组合形式是以公共活动空间为中心内圈，私人空间处于中间层，而碉楼与劳作空

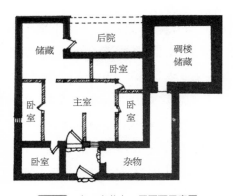

图5-4　布瓦寨龙宅一层平面示意图

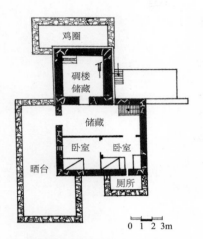

图5-5 黑虎寨王乙宅二层平面图

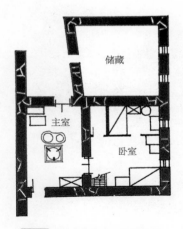

图5-6 黑虎寨陈宅二层平面图

间处于最外圈的位置。

黑虎羌寨的王乙宅的平面空间组合形式与龙宅有异曲同工之处（图5-5），其中心空间是位于一层主室，围绕其展开的是碉楼以及畜养圈舍。唯一不同点在于王乙宅的卧室空间被安排在了二层，相对独立。

在无碉楼的民居空间的平面组合上，并不一定有此特征。相反，主室往往被安排在平面空间布局的一侧，卧室与劳作空间则无一定范制而自由布置。在茂县的黑虎寨陈宅（图5-6）的平面格局中，主室空间在二层左侧一进大门的位置，紧邻其右的是两间母子套房卧室，二层储藏间与生活空间分隔开来，从室外进入，而牲畜圈舍则被安排在了建筑一层。

总体看来，在平面空间的自由组合形式中，羌族民居建筑持有生活空间与劳作空间尽量分离又不远离的原则，以主室空间为活动中心和交通枢纽，并且卧室空间是相对独立和私密的，在横向或纵向空间上紧邻主室。

剩余空间以及位于一角的碉楼则被安排为储藏空间，牲畜圈舍依附主体建筑周围或位于建筑一层。

5.1.3 房屋顶面空间的联系及细部处理

平屋顶并不是羌族民居的专利，实际上国内一些少数民族的村寨建筑造型与羌族民居十分相似，例如位于云南省红河州城子古村的彝族土掌房（图5-7），其村寨聚落也是依山而建，平面屋顶上同样用于晾晒粮食，一排排沿等高线修建的土掌房远处看去层层叠落，鳞次栉比。

但二者屋顶细节的营造手法与用材却大大不同。房屋建造方式区别不大，都是以石材为墙基，上砌土坯，再架上木梁，木梁上铺设木板、竹条或木条，然后再在上面施一层土，经洒水抿捶，便初

图5-7 云南土掌房平屋顶

图5-8 羌族民居屋顶

具屋顶形态（图5-8）。不同的是，羌房平屋顶的边缘有两种做法：沿外墙修筑女儿墙，而后在女儿墙上面铺设片石；或者不砌筑女儿墙，而是直接将片石沿边缘向内斜插入屋顶，起到女儿墙的作用。而云南省红河州城子古村的彝族土掌房屋顶边缘则是形成一个非常低矮的拱土女儿墙。

羌屋顶层的晒台是羌民对空间有效节约利用的实践结果，在实际室内空间中创造出的一个组合在一起的集生活与劳作于一体的房屋室内空间。一户屋顶只能单独存在，其行动路线必然受高空影响，一栋房屋便只是一个单独运作体系。若是一群房屋相互紧挨，其屋顶空间自然连横一片，建筑上层交通空间扩大，与下层交通空间形成一个全方位运作的立体交通空间，犹如现代的立交桥，是纵向空间在交通上的高效利用。

出现这种屋顶构建形式也是当时羌人生活经验的漫长积累，在特定的自然环境和历史环境中慢慢成形的。羌人在迁居至岷江上游初期，战火纷纷，斗乱不断，出于保障族人安全因素的考虑，催生出了羌族特有的防御型村寨民居。这种整合型村寨的民居上下相通，左右相连，四通八达，易守难攻。

5.2 羌族民居室内空间的布置

5.2.1 羌族民居的主室

羌族民居三层的标准模式中，尽管不同民居内部空间的组合各不相同，但有一个空间是所有民居中必然存在的，这就是主室，相当于我们今天居室中的起居室。因此，主室的布置和陈设丰富而庄重，其他房间则自由而随意，主室中的神位、火塘家家必不可少。在统一外观的前提下，家家户户在内部陈设中形成了自己的特色，这也是羌族民居建筑室内空间设计的一个鲜明特征（图5-9）。

羌屋的主室犹如现代居室的起居室，但论地位却远比起居室重要。以火塘为中心的主室空间承载着羌人传统生活中的大部分内容，除劳作、就寝、如厕外，凡大小适宜的活动

图5-9　羌族民居主室布局

基本都在主室里进行，包括烹煮、祭祀、家庭聚会、待客、起居、烹饪、餐饮等众多功能等。主室空间还起到了联系周边卧室和辅助功能房间的交通作用。

通常而言，主室平面呈方形，中心柱则立于主室对角轴线的中点位置，上顶粗梁，或横或纵，与火塘和角角神位所在的屋角处在一条对角线上，约占主室空间的四分之一。若主室呈长方形平面，亦先满足这三者构成一条直线（图5-10）。主室依家户自身条件，可大可小，若主室宽度6米以上，则不少人家演化成距主室对角线中点位置等距离双柱的形式，如若更大则可发展成4柱，当然此种情况相对罕见。

在羌族的主屋中，神龛（角角神位）、火塘和中心柱必不可少。在神龛的摆设中，几乎每个羌族家庭都设"天地国亲师"位，但同时又有"角角神"与之并置；火塘和神位一般集中于主室，也有少数羌民家中的火塘和神位供于不同房间。因此，羌族石砌民居楼层和外观虽然比较统一，但在平面与室内空间组合上却各不相同。这

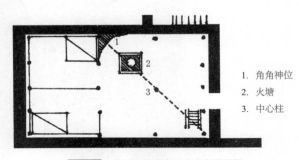

1. 角角神位
2. 火塘
3. 中心柱

图5-10　汶川县羌锋寨汪宅主室平面图

种丰富的空间组合令人惊叹，完全区别于其他民居的模式化。

在中国，饭桌上的规矩可以说独特得很，从座位的分配这种机制沿袭至今就得以窥见中国传统文化的根深蒂固。作为传统文化的精神载体，火塘自然继承了这一古老民族羌族的文化机制。羌房一般都依山而建，而火塘在靠山的一边，即靠角角神龛的一边是"上八位"，也是最尊贵的位置，每日就餐等活动时，家庭中年高德劭的人或者贵客便坐此座；"上八位"对面是"下八位"，这是次于"上八位"的位置，一般就坐着家中男性和客人；其余两边则是女性与小孩的位置，靠近大门的一边叫"下祖呢"，是女儿、孙子等晚辈就坐的，靠近灶房的一边叫"上祖呢"，是媳妇、孙女坐的地方，也是添柴加火的地方。

（1）一家之魂之中心柱

各种类型的羌族民居基本采用墙体承重与梁柱承重相结合的结构，由于天气寒冷和火塘位置的关系，羌族人的日常活动大多集中在主室。因此，主室的空间一般大于其他房间。在建筑结构上需要在屋顶的橼子下增加梁柱承重，于是便出现了中心柱（图5-11）。羌族人把中心柱称为"中央皇帝"。于是民居中普

图5-11　羌居主室中的中心柱与火塘
（资料来源：网络）

遍存在一种独特现象，即在主室中央伫立着一根支撑木梁的木柱，这便是足以"顶起一个家"的"一屋之魂"的中心柱。从这个现象看来，羌民居主室内的中心柱似乎与帐幕中的中心支柱颇为相似，其实这就是一种游牧民族生活方式的遗存，在住所中以另一种方式呈现出来。

羌人用木柱立于主室中心位置以支撑横梁，承担房屋荷载，起到安全稳定的作用。从空间功能使用这个角度看，立柱并没有发挥什么特殊功效。恰如帐幕中的立柱一般，基于结构的考虑大于空间形式的考量。

中心柱多是针对羌族人普遍采用的正方形主室，这样角角神、火塘、中心柱三者正好位于主室的对角线上。至于少数呈长方形的主室，为了使角角砷、火塘、中心柱在主室平面的对角线上，中心柱就不一定能在中心的位置上，有时会出现双柱甚至四柱支撑的形式。

对于中心柱的装饰，不像神龛那么繁缛，一般只是在中心柱上用彩纸剪出花样来挂在上边，再插香祭拜；也有的人家将做活用的刀具插在中心柱上，时间一长，中心柱上满是刀痕，刀痕便成为中柱神的标志。

（2）一家之主之火塘文化

西南交通大学季富政教授研究羌族建筑多年，他在《中国羌族建筑》中写道："中国人对祖先的崇拜和以家庭为中心的社会结构是互为完整的，它不仅表现在传宗接代，同姓同宗的延续机制上，凡一切可强化这种机制的物质与精神形态，皆可纳入为之所用。"[1]于是乎，"火塘"这一物质与精神的结合体便不失为一个好例子。

火塘又称"锅庄"，基本由火塘架、挂火炕、台基和木围栏组成，是羌族人生活中重要的区域，也是羌族人家中最神圣的地方和活动中心，羌族人的日常生活都是围绕火塘进行的。羌族地处高山，气候寒冷，长期湿冷，火塘终年不灭，又称"万年火"，因此火塘又具有火神的象征意义。羌族的火塘设计在形制上与西南其他一些少数民族有相似之处，从族源上来说，彝族、哈尼族、普米族、独龙族等族均为古羌族的分支。火塘是各族之间至今可见的族源关系的见证之一，体现出西南各族在文化结构上的相似性和相通性（图5-12）。

图5-12   哈尼族的火塘

火塘一般位于民居二楼主室的中心位置，设置在神龛下方，结构简单。古羌人的火塘就是由三块白石垒砌而成，"三石为一庄"，在上面架锅，形成最原始的火塘，可以在火塘上面烤羊和烹煮，使火、白石、火塘这三个羌族物质生活和精神生活中最主

---

1   季富政. 中国羌族建筑 [M]. 成都: 西南交通大学出版社，2002: 10.

要的内容通过火塘融合在一起，给火塘赋予了极为神圣的内涵。而且，从形制上来说，这种习俗也是一种游牧民族生活方式的遗存，正是羌族历史经历的反映。

三块白石或三脚分别代表三尊神的神位：一个代表火神，它是羌族人传说中对火崇拜的表现，后来又吸收了汉人灶神的概念，如认为火神一天要向天帝汇报三天该家的情况；另一个名"迟依稀"，代表女宗神，又称为婆婆神或媳妇神；第三个名"活叶依稀"，即男宗神或祖宗神。羌族人将祖宗放在火塘里，可能和古羌人死后采取火葬的习俗有关。由于现在羌族人已经逐渐改为土葬，祖宗神位被移到神龛正中家神的位置。慢慢地，火塘里的神灵也逐渐被羌人的后人们遗忘。

火塘常见的形制是在地上开一个正方形凹坑，边长在150～200厘米。坑底部略低于周边的地面，内用三块向内的弯石砌成台基，在台基上放一个铁质三角架，右上方一脚系一小铁环，这便成了火神神位（图5-13）。平日里火塘周围的地面上铺设粗麻布或兽皮，人们直接盘坐在坑沿边上，便可进行烹煮、熬制食物。此外，还有一种火塘是石砌的圆形凹坑，火塘底部基本与周围的木地板在同一平面上，周围

图5-13　火神神位

放矮条凳坐人，形制规整实用。

现在的火塘架均为铁制，一般为三脚，但在有些地区出现了四脚火塘铁架，这些现象与羌族传统文化上的火塘的结构不同，可能是出于使用功能方面考虑的结果。

火塘所在的空间是羌族人进行室内活动最为重要的场所，它的空间位置决定了民居室内其他部分的布局关系，不论有重大聚会或是闲暇小聊，羌人都会以火塘为中心，聚足于此，聊天南地北，扯家长里短；火塘文化也是羌族民居室内空间文化的直接影响源，它是羌民族注重以家庭为社会生产单位的明显表现，也是中华民族的传统聚居文化的缩影。

（3）主室之神龛

羌族几乎每家每户都有神龛。龛首一般为镂空雕花木板，木雕花纹以云纹、花草纹、龙凤纹为主，各家繁简不一。以前龛内供白石，现多供奉"天地国亲师"。龛台下方普遍设有神柜，有的有抽屉，有的没有（图5-14）。神龛的两边都是一排靠墙的柜橱，用来放置杂物或生活用品。对神龛的装饰与家庭的经济能力有关，经济富足的人家，

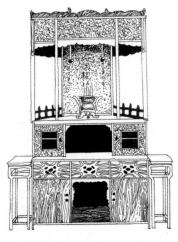

图5-14 茂县河心坝寨陶宅角角神位正面图

神龛装饰多样丰富，形式比较复杂，装饰得比较充分。木板上雕龙刻凤，或者雕刻其他有吉祥寓意的纹样。经济条件不好的家庭就会简陋一些，一般多用彩色剪纸来加以点缀和装饰。

5.2.2 厨房的布置

厨房的概念在过去的羌人眼中并没有与火塘区分很明显，但凡是煮食、烹饪的活动基本都在主室内进行，简单的烧火一般都在火塘中进行，大家一边煮食一边交谈，其乐融融。稍讲究一些的家庭会在火塘与中心柱旁设置一个开敞式灶台，进行一些复杂的烹饪。

现在羌汉交流频繁，独立厨房的观念逐渐影响着羌人的生活态度，在老寨子中的居民的普遍做法是在火塘与灶台之间建造一堵木墙（图5-15），进行空间上的软隔离。若有家庭还有空闲房间，就更加干脆地直接将厨房搬离主室，建立一个独立的厨房。

"挂火炕"是设置在火塘上方的一件功能非常实用的木制构件（图5-16）。用于钩挂食物、放置农具和器物，火塘散发出的热量可以

图5-15 用木板隔开的厨房

使木制用具内的水分快速蒸发。
挂火炕通常悬挂于天窗下方，主
室内火塘与灶台产生的烟雾通过
天窗排散，烟雾上升的过程中也
顺带熏烤了悬挂在挂火炕上的食
物。挂火炕本是属于火塘系统的
配件之一，但因其使用功能与厨
房的功用更相近，且羌人的火塘
也作炊事之用，所以将挂火炕收
在这个部分里面。

图5-16　挂火炕

　　挂火炕呈正方形，边长大约
为150厘米，腿长约为100厘米，
像是一张倒挂在火塘上空的方桌，桌面为条状木格子的样子，挂在
火塘正上方约200厘米高的地方。桌腿与第三层仓房的地板位置连
接固定，三层地面的地板开口，大约2平方米左右，与屋顶相通，
以排放火塘中上升的烟雾与火星。羌族人家里有传统的一绝美味，
这就是悬挂在"挂火炕"上的腊肉、香肠，人们将腌制后的猪肉、
猪肠挂于火塘上方，经过数十天乃至数个月的烟熏火燎，猪肉将水
分慢慢排出，肉质变得香醇肥美，久放不坏，因而成为羌人家家户
户年年都爱备制的食物。此外，还可以把用来制作器物的木材放在
上面烘烤，去除水分。

　　"挂火炕"不仅增加了堆放物资和炊煮的空间，丰富了使用功
能，还可以使本来狭小的二层主室空间层次增加，空间变大，削弱

了空间的压抑感（图5-17）。二、
三层空间上下的贯通，使得屋内
空气很好地流动，天井的存在，
增加了主室的采光，使主室显得
更明亮通透一些。

5.2.3 卧房的布置

羌族民居的卧房基本都是独
立的房间，功能比较专一，一般
来说环境布置是相对简约的，卧
房家具包括床、衣柜、梳妆架

图5-17 采光

等，基本采用木制。条件富裕一点的家庭有用四柱床的，在木头上
雕刻吉祥纹样，使之有精美富贵之感。

卧房在羌屋中一般与主室同层，即在二楼或者三楼，受主室面
积影响。也有一些家庭将羌房中的碉楼的二层或三层改为卧室，碉
楼每一层都与羌房相互连接，但又是一间独立空间。与其空置堆放
一些杂物，将之合理利用作为一间独立卧室则是更好的选择，虽然
居住空间比较局促。

一所羌房的居住面积大的可达上百平方米，但小的也只有几十
平方米，加上羌族人家庭成员众多，亲戚支系庞大，对卧房的需求
自然也大。但很多羌族民居卧房面积不足，于是出现了"拼床"
的现象（图5-18），即几个人共住一间卧房，但现在这种没有隐私空间的卧房已逐渐消失，因为传统的家庭观念已逐渐被现代的、开放的、独立的家庭观念替代，每个家庭单位的人数也在逐渐减少，人均居住空间随之增大。

5.2.4 天井与晒台的空间处理

从羌区整体生存环境来看，影响其建筑及室内环境的原因主要有三。其一，山区自身地理条件。交通的不便利加上山区岩石

图5-18 羌族民居卧房

众多，让遍布羌区山野的岩石和当地盛产的黄泥成为羌族民居建筑材料的不二首选；其二，当地气候条件。山区气温较寒冷，块状、片状的山石相互叠加交叉，形成一道有天然厚度且能抵御严寒的石墙，再加上开窗面积小，以保证屋内适宜的温度；其三，当时的历史因素。由于古羌族时常面临战争，建筑的防御功能显得尤为重要，石墙的坚固与家家户户互通连接的建筑设计方式成为族人安全的保障。

在这样的条件下修建的羌族建筑，导致几乎所有民居的室内采光都严重不足，除偶尔会见到一些人家通过打通"天井"来改善屋内日照（图5-19）。天井的存在，增加了主室的采光，使主室显得更加明亮和通透一些。有"天井"的民宅室内通风效果也会增强

许多，如不然则民居屋内长期昏
暗、阴冷。如位于阿坝州茂县的
黑虎羌寨中的王乙宅的建筑石材
与当地山石一样，呈黑褐色，建
筑体块较大，门窗较小且少，室
内光照并不能满足日常活动，整
个内部空间相对独立且密闭，条
件不良。

晒台的空间处理方式相对而
言比较单一，除了前文已提到过
的屋顶边缘女儿墙及排水管的做
法，晒台的功用与一般家户的生

图5-19　天井
（图片来源：网络）

活所需要的"院坝"类似，是连接人与自然最亲近的生活方式，羌
人在晒台上完成日间的劳作生产与闲暇休憩。

5.2.5 碉楼内部的空间处理

一座碉楼一般修建为三层或者四层，也有修建为七八层甚至十
余层的，但实为稀少。按其形貌区分可分为四角碉楼、五角碉楼
（图5-20）、六角碉楼以及八角碉楼（图5-21），其中数四角碉楼最
为常见。[1]

1　碉楼类型细分表格，参见附录二。

图5-20 黑虎寨五角战碉

图5-21 黑虎寨八角残碉

碉楼内部用圆形木梁插入石壁，上搭木板铺设而成，每层高
2~3米，用木梯相接。在较商业化的羌族村寨，例如桃坪羌寨，多

数供游客参观的碉楼木梯均用双扶手木梯，目的是为保障游客安全。但在相对较原始的村落，如位于理县山腰深处的黑虎羌寨，依旧保持着采用一整根圆柱独木梯的古老做法（图5-22）。

图5-22　古老的独木梯

碉楼是羌族村寨中最具特色的建筑，古时候主要将它作为军事防御之用，用于瞭望、防御、传递信息等，类似烽火台的功用。每一层石壁上，都开设2～4个孔洞（图5-23），便于碉内士兵投掷石块、弯弓射箭和使用枪械火器。碉楼上下楼梯开口并不是很大，最大的底部开口基本只能容下一位成年人，最上层的开口就算是体型较为纤细的女性也要谨慎

图5-23　碉楼中的作战孔洞

通行（图5-24）。登上碉楼顶部，在围起的碉楼石壁上，羌人会插砌一种中间打一圆孔的圆形石片。笔者考察时曾到楼下询问居住于此的居民此种做法的用意，羌民说过去战时是用来插旗杆的，现在

可以用来插晾晒玉米或辣椒的杆子（图5-25）。在这样的防御基地中战斗，需要精武灵活的士兵才能够驾驭。在冷兵器时代，碉楼是羌族村寨安全的重要保障。

在和平年代，家中碉楼底部可以用于牲畜养殖，二层用于起居生活，三层及晒台一般用于粮食晾晒和储藏。笔者在有碉楼的羌族人家做客考察时，发现大部分的民居家中，私家碉楼处于房屋一角，家中四处与之连接，层层互通，可以说碉楼是整栋建筑的交通枢纽。

碉楼过去是防御敌人的重要基地，功用较单一，现今虽然有些人家亦将碉楼的二层甚至三层改为起居之用，但大部分羌寨碉楼空

 图5-25　插旗杆的石片　　　　　　　图5-26　碉楼一层

间都没有得到较好的再生利用，在当代，碉楼已无战事需求，大部
分碉楼空间便处于闲置状态，主要用于牲畜饲养或粮食存放
（图5-26）。

第 6 章

羌族民居的装饰与家具

　　羌族民居建筑的传承与发展，对中华民族地域性传统民居建筑及其室内环境设计与文化研究具有非常重要的意义。而家具与装饰作为羌族民居的有机组成部分之一，所体现的是羌族人的生活态度、社会习俗和民族传统文化。因此，我们应该对羌族民居中家具和装饰的价值给予足够的重视，合理地继承、保护和发展，使其既能适应现代的生活，又能保留其民族和地域的特性。保护和发展传统羌族民居建筑是一个系统的、细致的、具有文化持续性的工程，应该在快速融合发展的时代背景中追求并强化差异性，使其保留原本的民族特色和文化内涵。

6.1 羌族民居室内的细部和装饰

6.1.1 门神与石敢当

　　门神在羌族宗教文化信仰中属于家神，羌人将信物放于家中大门之外，用于镇宅辟邪、驱鬼化灾。门神的信物主要取其精神之意，对于其形制各个羌族村寨并无统一规范。普遍羌族村寨的门神信物大致分为三种：具体实物、文字图案、门神画。

　　具体实物如羊头、白石、驱邪铜镜等，其中以羊头（图6-1）最为普遍。羊是羌人在动物崇拜中最为尊崇的动物，过去在游牧时期，羌族人还是西戎牧羊人，羊是种族生存最重要的物质来源，羌人将羊视为自己种族的繁衍化身，奉之为羊神，以其头颅挂于宅

中或门头，用于保家护宅。在
村寨建筑装饰中或私人家的家
具、织物上也时常可以看到以
羊为原型的纹样图案。

　　以纹样图案寄托门神信仰
的人家并不常见。笔者在造
访位于1900米海拔的高山羌
寨，亦是汶川县的典型土夯羌
寨——萝卜寨时探察到，萝卜
寨"羌王府"[1]的官寨大门上便
雕刻有人面兽纹的驱邪图腾，
官府大门因此而更加具有神秘
感。一些讲究的人家在自家门
头做装饰文章，直接将吉祥话
或古语雕刻其上。

　　张贴门神画是现今羌族村
寨较普遍的做法，因其方便
实用且看起来热闹喜庆，而
深受广大民族的老百姓喜爱
（图6-2）。门神画中以秦叔宝

图6-1　桃坪羌寨某民居门头

图6-2　萝卜寨某民居正门

1　羌王府，古羌王遗留官寨，位于阿坝州汶川县海拔1900余米高的高山萝卜寨，萝卜寨
　　被誉为"云朵上的街市，古羌王的遗都"。

和尉迟恭的形象最常见，左右一对佳语对联，上贴横批，寓意丰满。

　　石敢当，这一物质文化其实是从汉道教文化里传入羌族的，在许多少数民族文化中，都喜爱将石敢当放于大门前为家宅增添阳刚之气。羌族地区的"泰山石敢当"，族人称之为"迪约泽瑟"（音译），也叫解救石、吞口（图6-3）。羌族人将其树立于居所大门的左侧，其作用与门神一致，都是勇气、神之化身，起着驱邪镇宅的作用。典型石敢当的代表在桃坪羌寨中的小琼羌家可见，其石敢当为青石所筑，高1.2米，分头、身、座三部分，底座被埋入地下不可见。

图6-3　何宅泰山石敢当形制

6.1.2 门的形制

　　羌族民居门的形式并无太多花哨之处，基本以形式朴实和实用结实为主。户门的位置一般都在火塘的迎面，为单扇或双扇木制平开门，大多比较简单，有些门扇及围栏上都有木雕装饰，具有明显汉文化的特征。

　　除了富裕一点家庭的门上，会有类似垂花门样式的门头（图6-4），普通家庭的门普遍制作较简单，门洞中镶嵌木制门框，上顶一横梁，再堆以石块压实即可。笔者到黑虎羌寨考察时，还见到有一些人家以制作圆柱独木梯的方式装饰门框，可爱至极（图6-5）。

图6-4　垂花门头

图6-5　萝卜寨某民居

　　门锁是羌族民居设计中具有鲜明地域特征的一个元素，是羌族人的智慧结晶。羌族人的门锁不用普通铁质门锁，而是采用插榫的方式将木门扣在石墙上，开门关门都手伸进门旁边的

图6-6　萝卜寨木锁门

孔洞进行（图6-6）。羌族人民之所以不用铁质锁是因为在羌族聚居区域铁矿稀少，市面上交易的铁器都是与汉人互通往来得到的，所以羌族人利用自己的智慧与机智，利用羌区丰富的木材资源创造出实用且安全的别致木锁，成为每一户人家的大门处最为特别的、具有浓厚羌族民居特色的大门物件。

6.1.3 窗的形制

羌族民居建筑的朝向及门窗开口，基本面向南方与东南方。建筑北面和西面的墙身基本不开口或者开窗孔洞极小。由于民居窗洞开口小，石墙壁又有一定厚度，因此羌房室内各层的采光日照及通风都不充足，于是羌人利用开梯井、天井的方式扩大室内采光面积。

羌族民族的窗户可分为天窗、斗窗、羊角窗与牛肋窗、花窗、十字窗等几种。

天窗又可以称为升窗，实际就是在前文中所说的挂火炕上方开的窗孔。天窗的位置一般位于火塘顶部二楼的晒台上，用于提高室内照明度和排散主室中火塘及灶台制造的烟雾，关闭天窗就可以遮蔽雨雪。

斗窗是羌族民居中比较有特色的窗户形态，它的开口外小内大，形状如斗。这种窗户适合开在内部空间较小，且不需要开窗很大的地方，碉楼上的开窗基本都为斗窗（图6-7）。它利于碉楼内的作战，具有很强防御性，同时，采光效果也相对较差。

羊角窗与牛肋窗在形制、构造和功能方面类似，只是羊角窗形如羊角，而牛肋窗形如牛肋。

图6-7　碉楼内斗窗

此种窗户一般安装在民居三层的罩楼木板或是竹篱笆墙上，专门用于粮食储仓的通风排尘。不同的牛肋窗既可以安装在石墙上，也可以安装在木板墙上。

　　花窗就比较常见（图6-8），形制无一定规范且内容很丰富，尺寸较大，便于开启采光，是羌族民居中最常用的窗户类型。花窗的纹样多种多样，且其装饰图案受汉族花窗的影响比较大，但造型却没有汉族花窗的繁复，多以实用为主，搭配朴拙无华的石砌民居，效果相得益彰。花窗常见的图案纹样有菱形纹、方格纹（图6-9）、羊字纹等。过街楼上的花窗是一大亮点（图6-10），它粉饰了过街楼的立面装饰纹样，也丰富了过路人眼中的街面视觉效果。

　　十字窗形如十字，窗孔极小，无采光之用，一般开于羌屋顶层的粮食储藏室，用以排风通气（图6-11）。

图6-8　民居花窗

图6-9　方格纹花窗

图6-10 过街楼花窗

图6-11 十字窗

6.1.4 梁、柱、檐

羌房的建筑结构，除墙体外基本用木材制造。修建羌房先以石块砌筑围墙，墙上搭设圆木为梁，梁的长度不作统一规定，梁头超出墙体外亦可，不拘小节，然后再在梁上铺设木板作为上一楼层的地板（图6-12）。

羌族民居平均面积并不是很大，且每个室内空间也被划分成小面积空间，所以室内并不需要很多承重柱，但有一种柱子是羌族民居每家每户必有的，便是位于主室空间的中心柱。横梁宽度一般者，中心柱一根便足矣，但主室依家户自身条件，可大可小，若主室宽度6米以上，则单柱演化成距主室对角线中点位置等距离的双柱，如若更大则可发展成4柱，当然此种情况相对来说比较罕见。

屋檐的概念在羌族民居上与普通建筑的屋檐并不太一样。除了部分以瓦片覆盖屋顶的羌房外，基本羌族民居都是平屋顶，其屋檐

图6-12　羌族民居室内梁柱结构

便是压在晒台女儿墙上的片状
石块。女儿墙基本都是由不规
则的石块堆砌，即便是在石料
并不多产、以土夯民居为主的
汶川县萝卜寨的民居建筑中，
房屋的底座和屋檐也是采用石
块（图6-13）。对于需要使用
晒台功能的羌族民居来说，以
石料修筑的屋檐比土夯屋檐更
加结实耐用，将其压制于女儿
墙上能够起到坚固墙体、防止

图6-13　萝卜寨

雨水渗漏的作用。

筑造晒台的屋檐，需要在木板上铺设垫木，然后铺设茅草或稻草，再和稀泥施覆其上，最后撒细土将之锤实而成。晒台的屋檐是先修筑女儿墙，再取大山之片石而压紧，或不筑墙直接将片石向内斜插入土石之中（图6-14、图6-15），以此取代女儿墙，边沿开一小口，插入竹管，便成了排水槽（图6-16）。

图6-14 女儿墙两种式样1

图6-15 女儿墙两种式样2

图6-16 排水槽

6.2 羌族家具

6.2.1 室内家具的布置与样式

　　羌族民居家里的空间划分根据不同的功能需要，可以分为主室、卧房、厨房、牲畜圈舍、储藏室以及晒坝。其中以主室、厨房的家具式样最丰富。一般普遍的羌族民居家里的主室内，除了已经论述过的火塘三角架、角角神龛等之外，还有壁架、座椅、桌子、米柜（缸）等重要家具和器物。

　　壁架是一种高效、节约使用空间的家具形式。老羌房主室面积并不是很大，大约有10～20平方米的样子。壁架紧贴石壁安放，一般放置于火塘附近，类似于现代家居中的"餐边柜"。壁架长度可长可短，但宽度却很窄，有三到四层之多，精美一些的壁架会在顶部架框施以雕刻，琢龙画凤、梅兰竹菊等元素都是深受羌人们欢迎的。

　　现今遗存下来的屋内座椅以清式风格的居多。工匠用硬木打磨制作，羌人将之放于主室最显眼的一面墙壁前，可以说是一间房屋的正面位置，一般成对摆设，不要求样式统一，但以成双成对为佳。桃坪羌寨的陈氏名宅家中，收藏了多把各具风味的座椅（图6-17），这些座椅造型别致，风格不一，色泽与光亮度也不尽相同，但每一把都精巧雅致，别有韵味。椅背造型以回纹、云纹、杆栏样式为主，雕刻以云纹、回纹、兰花、梅花、插花花瓶为装饰。

　　民居中所用的桌子，一般以方桌见多，也有一些富贵人家用

图6-17 陈宅中收藏的各式座椅

嵌石圆桌来装点门面。主室中的桌子按用途分可分为三种，架在火塘上方便于烧煮、吃饭的简易方桌，放在墙边放茶水、瓜果的茶几，以及置于正面一双座椅中间最为气派的方桌或圆桌。米缸（图6-18）或米柜是传统家庭装米的一种器物。羌族

图6-18 民宅中的米缸

人的米缸采用天然石头制成，经历岁月淘洗而世代传袭，这种百年米缸常年浸润在大米中，内壁会形成一种天然的保护膜，使缸中的

大米保持干燥不生虫，久放不坏。

厨房中的家具通常比较简朴。有的厨房就在主室内，与火塘不分家，有的厨房则另起炉灶，隔间划分。羌族民居的厨房灶台高度普遍偏低一些，这是由于原始厨房劳作方式是由地面逐渐转移到桌面上的缘故，羌人古民居建筑家中的厨房相对现代厨房依然显得原生态一些。厨房灶台是由石料堆砌而成，后经加工的灶台改用水泥浇筑而成，与农村家庭所用大锅灶台基本一致。碗柜的样式并不只有木制柜架一种形式，有趣的是，在一些古老民居家中，碗柜也是由石头砌凿而成，碗柜就是墙壁上的壁龛，各种厨具和餐具被置放于墙内的壁龛中。

6.2.2 室内用具的样式

原始社会的人群以狩猎为生，后来逐渐由狩猎转变为畜牧，开始了游牧时期，在依水草而生后定居下来的人们便进入农耕时代，这也是人类普遍发展的规律。羌民族是最早进入农耕时代的民族之一，他们开创了羌族聚居区域的农耕文化，从最初的刀耕火种、广种薄收、耕作粗放和靠天吃饭的原始耕种方法，逐步转向传统农业，而今已迈向现代农业。

羌人家中最常见、最多的使用工具便是与农耕息息相关的农具。农具的使用是农业生产力发展到某一程度的重要标志之一，也是证明农耕文化发展到一定历史阶段的农业文明的重要特征之一。由于羌区土壤结构和山区环境的有限条件，古羌人发展出适合于自身环境的农业工具，推动农业发展。主要包括钩钩锄、风播机、石磨、储水缸等，这些用具无一不是古羌人劳动与智慧的结晶。

磨房是羌族农耕文化中重要的一笔，磨房分为水磨和石磨。水磨是以流水为动力运转，石磨则以人工为动力。位于高海拔的羌寨中没有河谷羌寨的水利条件，所以几乎家家户户都自备石磨。

储水缸（图6-19）是具有羌族原生态地域特色的储水方式。一般放置于墙边，倚靠墙面，用四块大石板镶嵌成矩形大水缸。缸中水不用人工打满，自有山涧水经暗道引渡入缸，由石缸所含的天然矿物质涵养后的水，纯净无杂质，甘甜又滋养。

至于扁锄、风播机、纺锤、石斧、弓箭、蓑衣等农耕、扎碾以及纺织类的传统手工用具，亦常被羌民挂置于墙上，存放于柜架、过道和储藏室，展示出羌民族亦牧亦农亦猎的传统生活生产方式及风采。

图6-19　民宅中的储水缸

　　羌民族室内环境的浓厚地域性色彩离不开家庭农副产品的展设。例如住宅室外房檐下的成列风桶，罩楼上一串串当"门帘"挂着的金黄色的玉米（图6-20），大门口挂满墙壁的干红辣椒和风干山货等，均有力、强烈地衬托出浓郁的羌族民居建筑特色和韵味。虽这些农副产品并不是建筑本身，但却是对羌族石砌民居建筑最好的装饰，它们与建筑本身共同融入大山环境之中，一道营造了历经沧桑而如今依然生机勃勃的羌族民居建筑文化。由此可以看出，民居建筑与环境配置是互为一体的，缺乏环境的民居不能成为完整的文化体系，若住居条件得到满足而不顾及环境，其民居建筑只是一副空壳。

图6-20　装饰于外檐的苞谷

6.3 民族图案与色彩的应用

　　少数民族文化的纹样图案与色彩表达往往能传达这个民族的精神气节与文化氛围。对图案与色彩的运用既是一种表达羌民族情感的载体，又是一种反映羌民族精神文化的元素和符号。

　　羌民族的居住环境相对来说比较贫瘠，楼宇门窗多以简朴造型示人，并无太多装饰纹样。一些较讲究的人家稍稍给房屋和家具施以雕琢，便可显得比周边民居更为精致富丽。羊字纹、羌字纹、动物纹、兽面纹是羌族人最喜爱的纹样，他们将之运用在建筑石壁、木雕家具以及丝绸织物上。在萝卜寨的羌王府中，高大的土墙壁上阳刻着山羊剪影、兽面剪影以及讴歌远古羌族人民战胜自然的劳动身影。除此之外，运用于门窗、家具的纹样图案基本受汉族影响很多，尤其以明清时代的样式居多，花鸟鱼虫、云龙祥凤，与中原地区室内装饰图案并无二致。

　　关于民族色彩，"白色"是羌人特别喜爱的颜色，他们以"白色为洁，以白色为善"。在羌族人的心目中白色是白雪的色彩，是吉祥的象征。

6.3.1 羌族民居室内环境的装饰色彩

　　羌族人建房一般都就地取材，当地最容易得到的材料就是木材、石块和黄泥，建筑的内外墙面仍保留着原生态材料的朴素特征（图6-21），很少在墙体和顶棚的表面使用油漆粉饰，散发着浓郁的

自然气息。室内没有过多的
装饰，基本上都是木、石、
泥这些建筑材料原色表现，
室内环境的装饰物及挂件较
少，没有矫揉造作的粉饰和
精雕细琢的工艺。

图6-21　羌居一角

羌族民居室内色彩源于
自然的颜色，在室内布置
上，用蓝白花布或白布蓝
花、红花等纹样来加以装饰。

在羌族民居建筑中，工
匠们往往运用白石的洁白与
青石片的灰暗所形成的反差进行装饰。把白色的石块放置在大门的
门楣或前墙的窗楣上形成装饰，也有的将小白石块做成图案作为
装饰，或将白石摆放在室内的主要位置上。在室外用白石块装饰
自己的房屋，有三块、五块、七块之分，按照大小顺序依次平放在
屋脊上，以此代表"白石文化"和其中蕴含的崇拜含义。在羌人民
居建筑的门框上大多悬挂着缠着红布条的羊骨头，起到纳吉辟邪
的作用。

和建筑与室内环境不同的是，纹样与色彩在羌族的民族服饰和
羌族刺绣中异常鲜艳、明朗。甚至于相比刻龙画凤，羌人更喜爱用
颜色鲜明的羌绣来装点屋室。

羌族人喜爱的颜色大致为四种，白、黑、红、蓝。

　　白色代表光明、明净与纯洁。在羌人眼中白色是正义与希望的化身，是羌民族文化中最崇高的代表色。他们崇拜白石，奉之为神，所以白色在羌族人心中是永恒的。羌族人民的性格也正如白色一般纯净明亮，诚挚温和，具有能包容一切力量，承载万物。羌族人的服饰中多见白色为主，白色棉布长衫不分男女老少都可以穿着，头戴白色、青色或黑色头帕，以白色羊皮为褂。

　　黑色是坚毅、刚强的象征。在过去，古羌人视黑色为尊贵，而今天的羌人依然喜爱黑色，把黑色看作智慧、稳健的代表，村中人的装束也是只有长者和年事较高者穿戴黑色服饰（图6-22）。黑色体现了羌族人刚正坚毅、不屈不挠的顽强性格，是对这个古老而沧桑的战斗民族的最好诠释。

　　红色意味着幸福安康、美好吉祥。羌人对于代表着中国颜色的红色有着特殊的感情，不论羌族人民经历过怎样的磨难，他们始终没有放弃对生活的美好希望，依然像炽烈的红色一样热爱着自己生活的土地。

图6-22　年长羌族女性

　　蓝色则是永恒生命的象征，它神秘而又美丽，深邃而又静谧。古人过去对自然现象无法知解，羌人亦是如此，浩瀚无垠的蓝色天空与静谧深邃的蓝色湖泊都令其着迷，因无法触碰和深不可测而令人深陷其中，所以羌人喜爱蓝色，常以蓝布配白花或白布挑蓝花、红花。

　　羌民族的刺绣每一针每一线都是羌族妇女的心血。刺绣图案基本是采用挑花的方式。羌族挑绣图案的题材，大都是反映现实生活中的自然景物，如植物中的花草、瓜果，动物中的鹿、狮、兔、虫、鱼、飞禽，以及人物等等。服饰中的纹样最常见的有自然系纹样、动物纹样、植物纹样三种。自然系纹样指的是以羌人对自然崇拜的情节产生的大自然中的元素为纹样，如火苗纹、云云纹[1]；动物纹样主要是羊头纹、羊角纹、虎纹、珍禽异兽纹；植物纹样是羌族服饰中运用得最多的，对于图案的收边过渡十分适用，植物纹样可变度较高，其中包括各式各样的花卉纹、藤蔓纹、茎叶纹（图6-23）。

图6-23　手绣的荷包

　　羌族服饰是中国众多民族服饰文化中的一朵奇葩，它以独特

1　云云纹，是羌族刺绣的代表纹样，以云云鞋见多。云云鞋的鞋尖微翘，状似小船，鞋帮上绣有彩色云卷图案，十分别致，是羌族人在喜庆日子里穿的一种自制布鞋。

的审美情趣和韵味出现在民族文化舞台。羌族服饰图案形成于宗教崇拜思想、生产劳动和娱乐游戏中，这种形成因素构成了今天羌族服饰的文化状态，体现了羌族服饰文化中的稳定性、独特性、民族性和个性化的审美内涵。对羌族传统服饰和挑花刺绣工艺的保护和传承有着极其重要的意义和价值。[1]

羌族人民不仅将羌绣运用在民族服饰上，大量的织物与副产品都被羌绣装饰（图6-24），鞋垫、背包、手帕、桌布、杯垫等，羌绣赋予了这些物品更高的艺术价值。羌族人也会用自己的刺绣作品装点自己的家，像是现代家庭用装饰画装点墙壁一般（图6-25）。工艺精湛的羌绣使本就简单、粗犷的屋内装潢显得精致讨喜，色彩明朗而夺目的羌绣使朴拙、原始的羌族民居熠熠生辉，成为居室空间中的亮点。

图6-24　某居民家中的装饰绣物

图6-25　某民居家中的织绣装饰画

1　易子琳. 羌族服饰的特点及其历史探源 [J]. 西华大学学报（哲学社会科学版），2014（4）：10-13.

6.3.2 纹样与色彩在建筑中的应用

　　富有鲜明的羌族地域特征的纹样图案主要有四种类型，羊字纹、羌字纹、动物纹、兽面纹。羌民族的图腾代表是羊，羊是羌族人多神论的产物，是生命力的象征，他们把羊视为自己的祖先，并供奉崇拜。以羊为素材的纹样图案分为两种，一种是以动物"羊"为原型，画出其简笔画或剪影轮廓装饰于墙壁或刻于石头上；另一种便是将"羊"型文字，一般是羊和羊角的象形文字，抽象简化后装饰于窗框、门头、石壁上，且经常以阵列方式出现在建筑边沿，装饰效果强烈。

　　羌字纹多见于在民居文化得以开发后的羌族村寨中，多是近代政府对国内古老民居建筑的保护措施出现后，才有羌字纹，多见于花窗中央。虽不为古老羌族先人所创，但其造型样式都很好地融入羌族民居建筑的氛围中了。动物纹也以"羊"型居多，一些村寨寨门的圆木横头上，便刻以羊角为饰。近些年在老羌寨旁扩建的用于商业用途的新羌寨中，可以见到更多的动物羊的纹样，老羌人搬出旧居住进新居时，也喜爱以动物羊为原型的纹样装饰于新居墙壁上。兽面纹在羌族民居建筑中的运用比较少见，只有地位和权利较高的羌寨土司府中，可以见到以兽面装饰的寨门。兽面纹是具有神秘感的符号，其奇怪的形状和原始的粗犷能给予统治者以威严感，增添庄重和不可亵渎的仪式感。

　　羌族民居室内色彩源于自然的颜色，少有用漆或涂料粉饰过的痕迹，基本上都是运用木、石、泥这些建筑材料进行原色表现

图6-26   桃坪羌寨杨宅老人

（图6-26）。民居室内没有过多的装饰，室内环境的装饰物及挂件也较少，没有矫揉造作的粉饰和精雕细琢的工艺。在室内布置上，用蓝白花布或白布蓝花、红花等纹样装饰。

6.3.3 纹样与色彩在家具和器物中的应用

除去纹样图案在建筑中的运用比较具有羌民族自身文化特征外，室内家具和器物的纹样运用素材基本来源于汉族，装饰图案也来自于汉族文化。在汉族文化对羌族的影响中，石敢当形制图案可以说是汉羌结合体，石敢当除了字大概一致外，其"头"的造型具有自己的特色，也是兽面纹在羌人的民族器物上的运用。兽面纹具有神秘感和震慑感，是经常被用于宗教用途的纹样图案，用于避邪镇宅的石敢当便是这一精神的载体。理县桃坪羌寨某宅的泰山石敢当五个字上还另有两个字："敕令"，此二字上下紧挨，肖似一字，意为皇帝的诏书，言其此宅曾受皇恩庇护。但此石敢当的头雕刻着形似猴头的脸谱，来源于羌族释比文化中的猴头崇拜，由此可看出此种纹样亦是羌汉文化交融的产物。

在羌族民居室内中，刻有花纹的家具、器物实属不多，唯有经济条件充裕富足的家庭才有装饰着纹样的家具。花纹雕刻与汉人传统图案类似，雕花藤叶茎于碗柜立面、刻鸟兽鱼虫于桌面椅腿，还有带着祥云、回纹的屏风门扇等等。其中值得一提的是羌人主室中的神龛（角角神），是羌族人一家之中装饰色彩最浓墨重笔的一处。神龛上供奉着一家人的祖辈先人和家神，龛头是装饰重点，各家有各家不同做法，有的用繁复的雕花柱头点缀吉祥字符"福禄寿喜""国泰民安"，有的用二龙戏珠的精彩故事典故雕刻其上（图6-27）。汶川县羌锋寨汪宅的主室中立着一神位，因汪氏为木匠出身，供奉于神位上的神仙则

图6-27 角角神龛

是工匠神，即鲁班神。神龛两侧以植物杜薇花装饰，一年春节一更新。此神龛分为三层，上、中、下各供奉着一切家神与自然神，没有具体神仙指定，统一安放供奉，达18个之多。

室内家具与用具的色彩运用跟前一小节提到的建筑中的色彩一致，都是以自然色为主。因室内家具与用具多为木制，墙壁以山上采集的岩石所筑，筐筐篓篓由藤竹编织，再加上室内长期受火塘烟雾熏烤，日照采光又不充足，所以整个室内环境色彩偏黑黄，采光不好的室内看起来也和焦黄差不多。

第 **7** 章

结语

　　3000多年以前，古羌人遍布华夏大地，子嗣绵延，羌民族史诗般的历史由此开始谱写。时代迁移的过程中，羌人的命运起起落落，但一直与中华民族的发展休戚相关，他们不仅见证了中华文明的开端，更影响着社会文明发展的进程。羌民族依旧保持着最初来到这个世界时最本真的自我，单纯且美好，纵使今日的社会地位、影响力、号召力已无昔日盛时之规模，但羌族人民的血脉早已融入中华民族的骨髓之中。

　　至今，羌人留存下的民族文化，一直在诉说着羌族是悠长的华夏民族曾经拥有着的社会原始形态之一，其中含蓄、内敛的民居建筑文化更是蕴含着中华民族传统住居文化的精妙之处。在课题研究的过程中，研究者多次深入羌族聚居区域对乡村聚落、羌族民居、生活习俗、社会文化等进行考察调研，掌握了大量的一手资料；同时查阅了大量的相关研究资料，在理论方面进行系统的研究。本书以羌族民居室内环境设计为切入点，首先以羌民族面临的生存环境为先决条件，其次将羌族乡村聚落环境作为铺陈背景，再次着重论述构成民居建筑的各大要素，最终以总结室内环境设计的特征为结论，形成一个由大到小、由泛到专的完整论述逻辑。本书将羌族民居室内环境构成细节一一罗列并阐述，将室内环境设计与人文因素相联系，总结其地域性的室内环境特征。在学术研究上，把羌民族室内住居从文化到现象以及其中的因果关系以较缜密和完整的方式展现出来。通过对四川阿坝藏羌自治州茂县、汶川、理县的羌族民居室内环境的设计研究，能够弥补羌族民居室内环境设计在羌族民居建筑设计研究中的不完整，总结出羌族民居室内环境设计的特征，并由此发掘羌族民居室内设计文化的艺术与价值。

羌民族是一个古老而优秀的民族，村寨聚落叠叠重重，错落有致，其民居建筑保有鲜明的地域特性与民族特色。羌人的民居倚天地而建，顺山势而为，跟大山交融，与自然交合。我们在这里看到了先辈们如何用智慧创造出的伟象神迹，也看到了羌人如何用毕生坚持世代传承。在他们身上，映射着我们的过去，或许也能预示着我们的未来。

特色民居建筑的延续与再生对于保护传统民族文化具有非常重要的意义。笔者深入羌区了解当地羌民的生活状态及生活方式，力求还原和提供一个典型的具有代表意义的羌族室内住居设计及文化的范式，借此也希望能够为羌族古民居建筑保护及再生尽到自己的绵薄之力。结合本课题的研究，研究者在羌寨和民居的更新改造方面进行了一定的探索，尝试克服羌族民居建筑中存在的诸多缺陷，发掘民居建筑自身的优势条件，并依据实际情况，在设计实践中探索羌族古民居建筑保护与再生的可能性。最终，尝试以尊重且最符合羌族人平日劳作和生活状态的方式来更新和延续与环境相融的羌族古民居建筑。

附录一：羌族与汉族建筑的营造对比

项目		羌族	汉族	总结
工匠	来源	亲朋好友或邻近工匠，来源稳定，更多凭借实际经验	专业建筑工人，流动性大，有规范可循	羌族工匠来源虽无明确标准可循，但大多水平稳定、经验丰富，互助建房更利于情感交流和文化传递
	工钱	好酒好饭招待，没有额外的报酬	按照一定行业标准发给	羌族的工钱给付方式较淳朴，但这一习惯的保持现已面临很大挑战
建房过程	工期	分期分段，有时甚至需几代人共同建造	较短，高效密集式建造，以求高经济回报	羌族分期建造的营造方式利于在每一个阶段对不合理处作及时调整，但效率较低，与现代社会相冲突
	物料使用情况	就地取材，旧房拆卸材料再利用	浪费较严重，大量建筑垃圾无法回收再利用	羌族物料使用更环保，但仅限于小规模营造

附录二：碉楼类型细分表格

	四角碉	五角碉	六角碉	八角碉
平面	方形或回字形	回字形	正六角形，角之间呈内弧形	正八角形，角之间呈内弧形
立面	由底向上逐渐内收，方锥形	由底向上逐渐内收	由底向上逐渐内收	八棱柱形
底部边长	5~8米	4~6米	3~3.5米	2米左右
边墙厚度	0.7~1.1米	0.7~1.1米	0.7~1米	0.7~1.1米
高度	20~30米，最高超过50米	20余米	20~30米	低者20余米，高者40余米
特征	最常见的羌碉类型	四角碉的变形，多出一角增强临坡地墙面受力	内部分隔为9~13层	大多在2~4层设置碉门，中、上部各层有孔

附录三：羌寨民居更新改造的设计策略

　　经过三十多年经济的高速发展，中国的城市化也得到前所未有的发展，但在城市化的进程中，也出现了种种问题。农村的土地、空气和水环境急剧恶化，生活环境也未得到改善，乡村已经丧失了吸引力。年轻人大都离开了自己的家园，到城市里工作和生活。农村空巢化，老龄化，土地出现了被撂荒的现象，新一代农村人无人愿意种地，慢慢也无人会种地，长此以往其后果不堪想象。因此，城市与乡村必须互动发展，这样才能改善乡村的生活和劳作环境，同时开辟新的产业和就业模式，使之产生新的吸引力，同时使一些已经被当地农民过度开发的自然地域和环境得以恢复，也为那些农民带来新的机遇和前景。因此村镇必须要现代化，彻底改善乡镇居民的生活和工作环境。尤其对于那些具有旅游价值的同时具有历史文化价值的古村镇来说，更应如此。

　　几年前，我们带着这样一种初衷，开始了对传统乡村民居的改造设计研究，至今已经做出了一些尝试，取得不错的效果。本次以四川羌族民居作为我们研究和设计的对象进行较为深入的研究和探索。

　　对羌族村寨民居进行更新、改造、保护和延续可以归纳为三种方式：一、原样修缮；二、局部整修；三、拆除新建。原样修缮应该对状态较好有保留价值的民居采用，同时进行内部改造，升级换代，满足当下羌人的生活需要。对新旧参半的民居采用修复加新建的方法，部分保留或修复原来的样子，新材料和样式与原建筑相结合，部分用新材料和工艺满足新的居住要求和标准。对房子质量较差的民居进行拆除新建，但新建的住房要尊重羌寨整体的布局、街巷肌理和环境景观，以及羌人的生活方式和传统文化习俗。

1 新旧嫁接 衍生涵化

羌族民居中存在的最大问题就是功能问题。功能叠合，相互干扰，空间狭小，光线昏暗，许多空间的功能和尺度都满足不了当下生活的需要，此外由于室内环境处于比较自然和粗糙的状态，舒适性也比较差。通过改造可以在旧建筑上"生长"出必要的新的功能空间，通过改造、加扩建的方式完善功能，并可以按照住户的具体要求进行针对性的调整。传统民居的砖（石）木结构的主要问题就是受风雨侵蚀，容易老化，许多民居的木梁柱年久失修，房屋处于危房的状况，希望可以通过钢材等现代建筑材料的介入，采取抽柱换柱的方法进行修复，加固建筑，提高防震等级。制作合乎尺度的钢梁柱可以直接添加进民居替换原来的木构架，然后采取表面装饰的方法使其不过于突兀，甚至直接装饰成木柱，而且钢结构的跨度远远大于木结构，这样就能满足住户对大空间活动场所的需求。

1.1 新旧嫁接

嫁接原本是植物学中的一个专用语，"指的是剪截植物体的一部分枝或叶，接到另外一株植物体上，使二者成为一个新的植株。嫁接后的农作物生长发育和开花结果，能保持原品种性状不变；而且生长发育快，能够适应不良环境、抗病虫能力强。"和植物学中的嫁接一样，新的建筑形态往往也产生于旧有的不同建筑形态的嫁接之中。嫁接后的多种建筑形态应该做到有机融合在一起，具有延续传统建筑形态的作用，并能很快被受众在感情上接纳，而且可以解决新时代出现的新问题，功能上满足现代生活方式的要求。

1. 空间嫁接

羌族民居改造从街区的角度讲，原来适于人行尺度的街巷在新建的时候就要考虑到车行的需要，至少应该达到机动车单行道和消防通道的要求。从建筑单体的角度上讲，传统空间的主次关系应加以保留，这些在当代都有它的功能意义和象征意义，在保留了空间类型之后需要更改的是空间的尺度、构筑材料和建造技术等。民居扩建空间的嫁接应用是对旧建筑最好的保护方法，同时对旧建筑的形式给予最少的破坏，而且满足当下的越来越多的生活设施和设备的安装需要，使现代生活方式彻底走入羌寨人家，羌人过得更加舒适安逸。

2. 新旧材料及技术嫁接

玻璃和钢对工业化社会来说是最常用到的材料，也可以说是时代的象征，从材料的应用角度，在旧建筑的改造中，出于建筑遗产保护性和可持续性的要求，其修补部分或与旧肌体直接相连的新肌体，应尽可能采用与原建筑不同的材料，这也是《威尼斯宪章》所强调的。另外，还需要考虑的一点是修建或加建的可逆性，以免妨碍日后进一步的保护修复措施。在现代建筑中常用到混凝土、水泥等强粘结性材料，由于其不可逆性和自身物理特征限制，再加上其色彩及质感与民居砖石材料容易混淆，不利于突出旧建筑的美学特征，因而在旧建筑的修复加固中不宜大量使用。与水泥、混凝土等厚实材料相比，玻璃和钢材则是较为理想的修复材料。

首先，玻璃与民居常用到的砖石和木材等材料可以明显区分，易于识别，并且其透明特质不会毁坏原建筑形象。其次玻璃在与旧建筑连接时一般使用螺栓挂件等干作业结合方式，对旧肌体的破坏、依赖程度小，还有易于拆卸、施工工期短、结构承载力强等优点。另外，玻璃所塑造的轻盈、通透的建筑形式能与旧肌体形成良好的对比、反射和融合，反映当代的材料、技术等建筑特征，却不过分影响旧建筑的精彩。

在民居的改造中，玻璃可以大面积地增加民居的采光，由于羌族民居的封闭性设计，充足的采光只有部分房间可以满足，同时建筑四壁基本为实墙，通风性也较差。引入大量的玻璃后便可以弥补这些不足，民居中过于封闭和私密的内部空间可以适当地展示在人们面前，同时给村寨街区添加光彩，这样街巷也会显得宽敞和热闹许多。玻璃也可以在不影响旧建筑的前提下构筑多样的空间，如书房、餐厅、活动室、阳光房、花房等等，与环境最大程度地相互交融是现代生活的不断追求。

钢材也是旧建筑改造的理想应用材料，钢结构本身重量轻、强度高、占地面积小。钢结构构件、墙板及有关部品在工厂制作，能够减少现场工作量，缩短施工工期，符合产业化的要求，这样就会更大程度上保护原有建筑。钢结构构件在工厂制作，质量可靠，尺寸精确，安装方便，易与相关部品配合，并且钢材可以回收，建造和拆除时对环境污染较少，容易恢复保护建筑原貌。

表层功能的问题通过采用新材料解决的同时，深层次的概念也得以实现，通过现代材料的引入，新与旧便产生对话，我们知道，饶有兴致地对话比简单顺从别人的旨趣更有味道。正是由于玻璃特殊的光学性质以及鲜明的时代性，在旧建筑的改造更新中得到广泛运用。玻璃的透明性仿佛消解了建筑空间的边界，成为不存在的存在，为建筑带来了更广阔的空间意象。玻璃可以表现为显型形态，通过完形、象征、隐喻、对比等手法，实现与原有建筑形态上的融合，同时旧建筑也借助于玻璃鲜明的时代性实现了由历史向现代的转化。玻璃的应用还可以表现为对旧建筑符号的再利用，建筑师可以大胆地采用现代材料，构成古代的性质，给人异曲同工之感。

1.2 衍生涵化

民居是在漫长的历史过程中，通过人们生活的方式和满足人体的舒适条件而发展出来的，这是由民众集体的构想力所创造出来的一种典型空间形象。罗西认为住宅归属于民俗传统，民俗传统直接而不自觉地把文化、人民的欲望、梦想和情感转化为实质的形式，它是缩小的世界，是展现在建筑和聚落上的人们的"理想"环境。这种"民居"的类型转化为的形式便是我们可以提取并利用于新建筑之中的形式，但是现代人的生活需求已经有很大变化，民居的功能也要向新的方式过渡。

1. 形式的衍生

从结构形式上讲，在有机生长过程中的一个误区是认为以木材和砖石作为传统建筑材料的民居的主要问题是技术限制了民居自身结构和形态的变迁，而当代日本建筑师利用不同的材料和技术创造出的一些有说服力的、有传统建筑韵味的地方性建筑为我们提供了借鉴。这可以归因于当代日本建筑师对过去的建造方式一直保持尊重，同时得益于传统日本建筑的"现代"性质——具有灵活的模数空间和开放的木构架结构，历史上的结构表现主义倾向可以在大型的宫殿和神庙上找到证据，使受到的传统美学熏陶的日本建筑师有能力将其转变为现代的钢筋混凝土或钢结构。

2. 文化的涵化

文化在广义上是指人类在社会生产实践中所创造的物质财富、精神财富的总和；狭义上的文化包括人类的观念、精神、制度，包括伦理道德、宗教、哲学、艺术、文学、科学、民族风俗、价值观等等。精神文化是文化的核心，精神文化具有地域性、民族性、时代性和延续性。

形式和技术也是文化的一种，传统文化与现代意识的相遇必然给民居的形式和技术带来一定的变化。如果对比建筑材料和建筑空间结构的现代化、合理性和所能给人带来的舒适感，现代住宅无疑要优于传统民居。传统民居中缺少卫生间等现代生活必需的功能空间和现代的居家设施及设备，无疑会给已经习惯了温度适宜、高度现代化的室内环境的现代人带来许多不便和麻烦。这些功能和设施上的欠缺在民居室内都可以以恰当的方式解决，这样可以大大提高居住的便利性和舒适性。

2 旧瓶新酒　置入转换

建筑空间与功能是可以相互适应、互为影响的，因此，羌族民居内部空间是适应于农耕文明功能的客观存在，但随着时代的发展，它的人文内涵也慢慢发生了变化，可以置入新的功能，进行功能上的转换，可以融合外来的异质文化来体现时代精神，在原来的肢体上进行有机更新和新陈代谢。

2.1 旧瓶新酒

针对日益增长的乡村旅游，羌寨里的一些羌族民居必须进行功能转换，以满足游客观光、食宿、购物、体验等多方面的需要。首先，要分析羌族民居原有空间的构成和组合能够满足何种功能。民居中同一室内空间可适应多种简单的功能需求，比如民艺馆、商店、客栈、餐馆等这些与人们日常生活密切相关而对空间尺度变化要求相对较低、适应性强的功能。其次，羌寨聚落环境、民居的主体材料也要予以充分考虑。设计师如何使用新材料和技术满足业主不明确的使用功能意图也同样是民宅功能转换的重要因素。此外，针对羌族民居的功能转换，对外部空间环境的调整往往需要谨慎处理，过度的外部修缮会破坏建筑给人的感受，割裂村寨街区景观的整体性和延续性。因此，在功能转换设计方案中，对其外部形态及环境基本维持不变，对其调整的限度以保持街区景观的原生态、独特性和标志性为最佳。

1. 羌族民居局部空间的功能转换

羌族民居局部空间功能转换的出现并非偶然。乡村旅游业的振兴和发展刺激了以文化消费为主的服务业发展，这客观上为民居提供了功能转换的历史机遇。此外，传统羌族民居的基本功能已经难以满足现代人们的生活方式，给人们的日常生活带来了诸多不便。基本生活方式的转变潜移默化地激发了民居功能置换，确切地说，功能转换是一种原住民的自发行为。

2. 羌族民居整体的功能转换

随着物质生活的提高，人们对生活品质的要求提高到了一个新的层次，新的需求归根结底要由新的消费形式来满足。近年来，不断出现的"乡村旅游""民俗文化游"以及随之而来的商业发展，都体现出消费由"物质"层面到"文化"层面的倾向转变。当满足了基本需求后，人们更多地追求精神生活品质。为满足各种消费需求，羌寨中民居的整体功能转换也就在对这种商业和文化需求倾向的市场环境下发展起来。

整体功能转换将羌族民居的功能从最基本的居住转向客栈、商业、娱乐、餐饮等，这种转变从形式上来讲没有破坏传统民居建筑面貌，但却从根本上改变了以往人们对羌族民居的理解，是将新内容赋予民居的过程，从而使民居更具时代特征，通过融入新的功能丰富民居的体系。整体功能转换是对羌族民居进行根本意义上的改变，新的功能与原羌族民居功能存在很大差异性。新的功能从原有"衣、食、住、用"的简单居住功能，扩展到现代社会人们所需要的各个功能领域。就拿居住功能的拓展来说，客栈是居住功能的延伸，而餐馆则是饮食功能的拓展。

2.2 置入转换

1. 结构、材料的转换

羌寨民居是传统木石构造的建筑形式，受传统营造法式、建造工艺、传统材料、建筑技术等局限性影响，其建筑功能已经不能满足现代羌人的生活需要。如：墙体反碱及破损、砖木结构保温性能低、传统窗户的采光不足、室内干湿度不适宜等问题，部分建筑结构和材料难以满足特殊功能转换的强度要求。新的功能可能需要植入较多的现代化设备，而大部分建筑由于年代久远，其维护结构和承重结构的强度均需要重新加固或更换，以此来实现结构的安全性是保证新的功能成功实现的前提。因此，在建筑功能转换的设计过程中，解决对结构、材料的转换是设计师要充分予以考虑的问题之一，主要包括：维护体系、结构加固技术、新材料应用等内容。

2. 民居外围护体系改造

羌族民居外墙通常为土石砌筑，颜色以灰色为主。保存相对完好的围护体系可以通过细致的整饬、修补和防潮处理恢复原有风貌。修复后的民居根据新的功能需要所增设的壁灯、招牌、门牌号等新增物及原有的一些装饰或功能构件，既可以用传统材料制作，也可以用铝、钢或玻璃等现代材质制作。采用新装饰材料可有效地阻止砖、石墙体风化，同时不留下明显痕迹，保持原墙面的视觉效果。

历时较长的民居外墙多反碱、风化严重，外观衰微破败，其结构强度已经难以满足需求。重建民居围护体系的方法通常有两种。一是采用新的砖石材料，在规格、颜色上以原建筑为标准。二是新旧材料结合重新建构。保留原有围护体系的旧砖石，并加以整饬，在新旧材料结合重构的过程中，将其作为围护体系的装饰面。

3. 结构加固新技术的应用

保存相对较好、新功能对空间适应性强的民居，在功能置换过程中不需要对建筑主体进行重建，但要对原有结构进行加固。结构加固技术是建筑改造的一种常见方法，在我国建筑领域已经有了长足的发展，尤其针对混凝土建筑结构加固、钢结构加固的研究也走在了国际前沿。民居砖石结构的建筑主体，建筑高度相对较低，将现代建筑加固技术引入民居的主体结构加固，与原有的建造技艺相结合，采用一种低成本、高效益的适宜技术，必然会取得事半功倍的效果。

4. 民居空间布局的调整

民居内部空间的改造方法与模式有很多种，包括大空间的拆分、小空间的重组，及两种空间改造方式的综合利用。如：旁建、加层、夹层、屋中屋等。而羌族民居是平屋顶的建筑形式，受传统营造方式、屋面木结构制约，空间组织相对于现代建筑空间来说没有那么丰富。尽管顺应地形的变化，室内空间变化较多，但受到民居居住功能的限制，空间规模相对较小且功能叠合较多，因此，羌族民居内部空间改造并不具备大空间拆分的条件。相反，羌族民居功能转换往往需要扩大原有空间，细化功能分区。

3 优化变异　隐性关联

在建筑创作中，首先不仅要充分利用现代技术手段给人们提供舒适便利的生活环境，而且要满足人的多层次、多角度的精神需求；其次还要体现出来人们对地域场所的认同感。这就要求我们在村镇的规划与设计中创造性地利用现代技术，融现代设计手法与传统地域特色于一体。我们对地域传统建筑的回归与超越，若能运用"优化变异""隐性关联"双重结合的观念和方法，便可以开创富有地域个性化的多元创作道路。

3.1 优化变异

建筑学科中"优化变异"是指对地域传统建筑的结构、空间关系和形态构成所包含的一般原则、原理，通过变异的方法应用于新建筑的创作。在形象上可通过抽象变形、错位、逆转等手法，达到"神似"的视觉效果，使我们创造的建筑不仅可以引发出抽象想象，而且能引发出符合民众口味和情感的形式来。它包括对传统建筑视觉形象、结构布局关系和设计手法的认同。具体可通过以下手法进行创作：

1. 抽象变形，指对典型性的形象简化、抽象、分离、切割和夸张，在采用新材料与新技术的同时，又保持了与建筑原型的"同质"，并产生新形式的情趣，达到"变异生成"的效果。

2. 错位，即把视觉形象的特征元素，依据设计师或人们的审美意识，移动、变换原有的位置而进行重组，从而打破习以为常的惯例，给人们以新形象的刺激。

3. 逆转，则是对原型的图底关系实行反转，化虚为实、化实为虚，达到新与旧交相辉映、融为一体的效果。[1]

诚然，"优化变异"无疑对民居的设计手法提供多种选择，但是其建立的基础是以对"原型"的"模仿"为基础，对民居建筑形态进行简单的转化与抽象，虽然其建立在对传统建筑形态和特征进行研究的基础上，但还有许多有待探讨的地方。从历史纵向的角度来看，建筑贯穿人类的整个物质和精神层面，优化也不是对历史遗留进行简单的改造就能归类为优化，它更多地是选择工具，不是特定的设计方法，所以从历史的角度看，这些手段方法是建立在社会经济发展的基础上的优化选择，比如在建筑与规划中我们不能简单地把优化等同于改变几个语言符号那样简单；"优化变异"一方面取决于建筑形成的历史环境和特定的地域背景；另一方面则取决于对历史遗存与继承的科学性定义与理解，二者缺一不可。理解优化变异就是对地域建筑符号特征的相互关联，分别从建筑意象、结构特征、设计原理加以分析和认识。

3.2 隐性关联

在从传统地域性向揭示新地域性的共同目标迈进时，在理论上探讨传统建筑与新地域建筑的关系以及如何继承传统的问题。在传统与现代之间找到一个合适的建筑与城市关联的特征，保持新建筑的历史延续性。有学者认为"隐性关联"对于建筑的地区性表现颇

---

1 汪丽君，舒平著. 类型学建筑 [M]. 天津：天津大学出版社，2004：25-48.

具启发性。陌生化的"隐性关联"对于立足于本土文化的设计师而言，其重要性是不言而喻的。他们需要对熟知的传统"方言"进行再阐释，从而透过表面的形式去探索地区文化的内在精神实质，重新赋予其新的生命力。

具体地说"隐性关联"可分为两点：首先，"内在精神"可视为建筑的"隐传统"，它是建筑传统的非物态化存在，是蕴涵在建筑载体之中而又不可见的，如隐藏在建筑传统形式背后的传统价值观念、思维方式、文化心态、审美情趣、建筑观念、建筑思想和建筑方法等等。它们是看不见、摸不着的，是建筑遗产的"隐性"集合，是建筑传统的深层结构。其次，"抽象变异"是地域建筑"隐性关联"的补充。为使"隐性关联"避免陷入难以理喻之境，其变异过程是对参照原型进行高度的简化、抽象和再加工，抓住"神"之所在，并保持原型的整体突出特征，形成"隐性符号"。但是即使这样，还是使很多人陷入理论语境的困境中，文化本身牵扯的主观因素太多，具体到建筑设计中就更不会具有具体性和科学性。

因此"隐性关联"作为高层次的创作手法，不仅要求深层把握所属地域的文脉及根源内涵，更要提取出其隐性的内在特征，同时又要熟练掌握抽象变异的具体技法，使得作品能够以自身的潜质内涵与地域文脉相关联。

新理性主义试图用一种理性化了的抽象语言把握和表述对历史文脉中精神实质的独到理解，它是一种对纪念性和高雅文化品位不懈追求的努力。它不仅改变后现代主义设计的非理性化，也摒弃了复古主义的盲目模仿和抄袭。简单地"复制"传统并不困难，但这不是目的。因为尊重传统不是墨守成规，不等于复古，"仿古"更不可取。建筑学作为一门科学，从科学的发展观来看，它应该与人类其他学科的发展同步。建筑创作，不仅只对传统文化元素进行选择、提炼、抽象、转化，变异使之更符合时代的要求，更重要的是要加强对本土文化的研究与本身素质的培养。隐性关联作为一种高层次的建筑创作手法，抛弃纯粹形式上的模拟或符号的堆积，要结合可持续发展的价值观，挖掘其潜在的、原生的绿色内涵，结合人们对现代生活的需求，把传统民居中的精华延续下去。

附录四：羌族古民居建筑的再生设计

——以黑虎寨王乙宅为例

今日的羌族古建筑群主要聚居于四川省阿坝藏族羌族自治州境内的理县、茂县、汶川以及松潘县和绵阳北川县部分地区。羌族聚居区域海拔在1500～4000米，这里山高路险，地形复杂，高原气候特色明显，夏凉冬寒，昼夜温差比较大，物产极为丰富，具有明显的高山与河谷两种截然不同的生存环境。

1 羌族古民居建筑的自然环境

"历史和文化的发展不能摆脱人类在时间—空间上所处的特定自然条件。一则，人类本身便是自然的产物，其生存和发展要受自然法则约束；二则，人类的生活资料取之于自然，人类劳动的对象也是自然，自然和人的劳作结合在一起才能构成财富（物质的和精神的），才能造就文化，人类文化的成就，不论是房屋、机械还是书籍、绘画，都是自然因素与人文因素的综合；三则，人类的一切活动，包括生产活动、生活活动，以及政治、军事活动，都在特定的地理环境中进行，并与之发生交互关系。"[1]

羌族古民居建筑所在的地理环境较复杂，崇山峻岭，河流湍急，气候变化频繁。虽然羌区自然资源丰富，但由于山林众多，道路交通、物资信息相对封闭，直接导致了羌区经济状况的落后。但这也是羌族建筑独具特色和得以很好地保留下来的原因之一。

1.1 羌族民居的自然环境

羌区地形复杂，羌族先人选择居址时，在满足生存隐匿功能的前提下，以耕地和水源为首要条件，充分结合山坡地形，注意根据防御、经济、用途和便于生产等条件来选地、用材。羌族聚落多分布在河谷、半山、高山这三类垂直地形上。河谷羌寨，一般建在河谷沿岸缓坡较多的地带，这里气候较暖湿一些，水资源充沛，土地肥沃利于耕种，交通便利，民居建筑顺山势地形修建，面向河谷，背靠大山；半山聚落多选择在半山腰的台地和缓坡地带，高出河谷海拔大致400~800米，这里地势较缓，视线开阔，建筑沿等高线布局；古羌人当年迁至岷江上游时，多将房屋修建于高山，这完全是出于战争防御需要，高山海拔甚高，地势险峻，易守难攻，利于古羌人的藏匿与生存。

三类居址环境各有优势，按照历史时间推演，羌人选择的居址

---

1 冯天瑜，何晓明，周积明著. 中华文化史（第二版）[M]. 上海：上海人民出版社，2005：23.

有海拔越来越低的趋势，这是因为和平年代替代了战乱时期的动荡，羌人们也更愿意迁居于自然条件更加宜居的河谷。

1.2 黑虎寨王乙宅的自然环境

黑虎寨位于阿坝藏羌自治州茂县池上镇，出茂县向北约30公里，是岷江上游古碉群保存最为完好、最为集中的羌族原始村落（图1）。10公里长的黑虎乡有 14 个村寨，88 座羌碉，黑虎寨的羌碉分布于险要的山脊上，一字排开，民居环山而建。其中的王乙宅便是具有羌族民居典型特征的碉楼民居。

图1 黑虎寨风貌

该地山石呈现黑色，固黑
虎寨因此得名。王乙宅（图2）
地处黑虎寨，海拔约923米，
一面临河，两面绝壁，背靠大
山，属河谷型羌寨。这里夏季
温凉，冬春寒冷且终日积雪，
干湿季明显，年平均气温在
5.6～8.9℃，日照充足，昼夜
温差很大。

图2　王乙宅外观

2 羌族古民居建筑的现状

羌族具有雄厚的千年悠久历史，其民居特色鲜明，有村寨备战
的整体规划，也有因地制宜的科学设计。但随着时代的变迁，羌族
人的生活方式及对建筑设计的需求也相应发生改变。所以一些在古
时有意为之的建筑设计方式，在当今看来，或许会成为现代生活方
式的阻碍。

2.1 采光与通风

从羌区整体生存环境来看，影响其建筑设计式样的原因主要有
三。其一，山区自身地理条件。交通的不便利加上山区岩石众多，

让遍布羌区山野的岩石和当地盛产的黄泥成为羌族民居建筑材料的不二首选；其二，当地气候条件，山区气温较寒冷，块状、片状的山石相互叠加交叉，形成一道有天然厚度且能抵御严寒的石墙，再加上开窗幅度小，以保证屋内适宜的温度；其三，当时的历史因素。由于古羌族时常面临战争，建筑的防御功能显得尤为重要，石墙的坚固与家家户户互通连接的建筑设计方式成为族人安全的保障。

在这样的设计条件下修建的羌族建筑，导致几乎所有民居的室内采光都严重不足，除偶尔会见到一些人家打通"天井"来改善屋内日照。有"天井"的家户室内通风效果也会增强许多，不然则屋内长期昏暗、阴冷。

王乙宅的建筑石材与当地山石一样，呈黑褐色，建筑体块较大，门窗较小且少，室内光照并不能满足日常活动，整个内部空间相对独立且密闭。

2.2 交通流线与空间利用

羌碉除在古时有战备功能之外，更是族人心中的膜拜之物，大部分羌族村落都会修建不同功能的碉楼来传递哨火、供奉祭祀、表达权势等。由于羌族人是农牧型民族，碉楼、碉房的一层通常被用作蓄养牲畜，房屋进出口与主室位于二层，屋顶晒台与碉楼三层则用以粮食翻晒与储藏。这样看来，底层与顶层是羌民日间劳作空间，中间部分则成为日常生活起居的部分，工作与生活的路线相互掺杂，不能独立。

现今碉楼已无战事需求，大部分碉楼空间处于闲置状态，而碉房内主室、厨房、卧房都安排在一个楼层或两个楼层，羌族一个家庭人口众多，生活在这一空间中不免显得局促拘谨。许多民居家中并无独立厨房，接宾待客、烧煮烹饪、就餐食饮等活动全在火塘所在的空间进行，有的或将灶台直接安排在火塘旁边，一室多用。

王乙宅中亦是如此，人与家畜共居，一层为主室，二层为两间卧房，三层为晒台，有四层隔间的碉楼几乎闲置，且全家共用一个位于一层室外的茅厕，交通线路混乱，生活十分不便利。

2.3 家畜、排烟等卫生问题

羌族人保有饲养牲畜于家中的习惯，随之而来的便是家庭的卫生问题。牲畜的饲养、粪便以及叫声从视觉、嗅觉、听觉上都在影响着人们的生活，并且圈舍的污秽物很容易被带入家人的生活范围。如要提高羌族人民的生活水平，改变生活状态，便需要将牲畜饲养与日常起居隔离开来，一个村寨的圈舍可以统一设置，集中管理，而空余出的房屋空间便可更多功能地利用起来。

羌民族是多信仰民族，火塘作为族人信仰的火神象征，是主室空间必不可少之物，中柱神位于主室中央，角角神位于主室一角，这二者与火塘对角线必处于一条轴线上。火塘的火终年不熄，上方悬挂着羌人逢年过节都喜爱备置的香肠、腊肉，使之受烟火慢慢熏制，散发水分。通常羌族人会在火塘上方开窗或设置一个"挂火炕"，用以排烟和分散火星，但其效果对于常年弥漫室内的烟雾来说微乎其微，于是本就阴暗的屋内加上烟火的熏烤，便更显得焦黑与脏污。

民居建筑再生设计的目的是改善现有居民的生活环境，若论羌族古民居建筑的再生设计，牲畜、烟渍、晒台等关乎健康的卫生问题都是需首要解决的。

3 黑虎寨王乙宅的再生设计

羌族古民居建筑是华夏民族千年历史的古老印证，是研究民族血脉不可多得的文化财产，对于它的保护与延续是一个重要课题，笔者在此意图尝试羌族古民居建筑的再生设计，以黑虎寨王乙宅为例，提供一种古民居建筑改造更新的模式，改善羌族人民生活环境，为日后更多需要改造的羌族古民居建筑提供可行的再生模式。

3.1 碉楼利用及空间的重置分配

碉楼是羌族村寨中最具特色的建筑，古时候主要将它作为军事防御之用，用于瞭望、防御、传递信息等，类似烽火台的功用。在今天，大部分羌寨碉楼空间都没有得到很好的利用，一般仅用于牲畜饲养或粮食存放。笔者在调查后发现，羌族人家中的碉楼是过去防御敌人的重要基地，所以家中四处都与之连接，层层互通，可以

说碉楼是整栋建筑的交通枢纽。于是在王乙宅中，碉楼一层被设置
为玄关，家中大门也被改设在碉楼一侧（图3）。碉楼二层增设一
间可从玄关直接登上的独立卧室，作为相对清静的老人房。由二层
通往三层的楼梯被中断，将三、四层设为必须从顶楼晒台才能进入
的储藏室，做到生活空间与工作空间的隔离。

位于屋外的茅厕改设在鸡圈位置，房门改设于室内，连通玄
关，作为一家人都可以享用的大型盥洗室；而原来的茅厕打掉内侧
石墙与主室连接，开设窗户，成为王乙宅家中的阿嬷平日刺羌绣的
工作间；一层主室增设开放式厨房与餐厅，并且保留角角神、火塘
与中柱神在同一轴线上，主室东北侧设置可作为座椅的储物柜，可
坐下数量颇多的亲朋好友，亦可容纳整个家庭的大量杂物，并且大
面积增大窗户，将更多的自然光引入室内。

主室木梯通向二层卧房（图4），二层增设一间独立卫生间，方

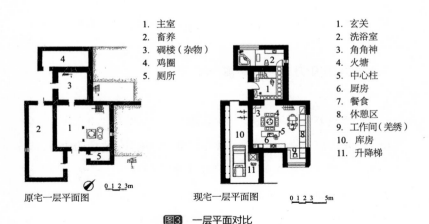

1. 主室	1. 玄关
2. 畜养	2. 洗浴室
3. 碉楼（杂物）	3. 角角神
4. 鸡圈	4. 火塘
5. 厕所	5. 中心柱
	6. 厨房
	7. 餐食
	8. 休憩区
	9. 工作间（羌绣）
	10. 库房
	11. 升降梯

原宅一层平面图　　　　现宅一层平面图

图3　一层平面对比

便家人起居生活，且三间卧房可互相连通，利于相互照应；通往三楼
晒台的通道改为旋转楼梯，且在一旁增设一小型更衣玄关，作为通往
二、三层晒台工作区的更换衣服的场所，以保证室内洁净；三层晒
台增加了一个运输升降梯，通往二层晒台与一层库房（原为圈舍），
此通道直接连通了外部劳作空间，将室内生活空间与之隔离开来。

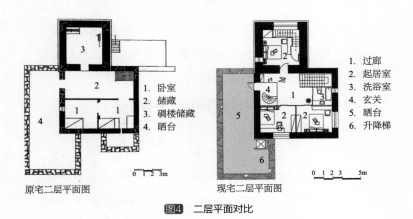

原宅二层平面图	现宅二层平面图

1. 卧室
2. 储藏
3. 碉楼储藏
4. 晒台

1. 过廊
2. 起居室
3. 洗浴室
4. 玄关
5. 晒台
6. 升降梯

图4　二层平面对比

3.2 卫生条件的解决

在重置了建筑空间分配后，圈舍与室内卫生是需要着重处理的
环节。

1. 主室与二层卧房

新布置的火塘在地面上铺设了耐高温且易清尘的岩石，原先火

塘上方的"挂火炕"也改用了现代科技的排烟机，只是此排烟机较为特殊，其开口处加设了上下交错的钢条，用以悬挂羌族人喜爱的美食——腊肉和香肠等。在主室中添加一现代开放式厨房，替代原先老旧的灶头，使公共生活空间更加洁净。

二层卧房通往三层晒台的旋转楼梯处增设一小玄关，可使家人将劳作与生活的衣物、便鞋随时切换，旋转楼梯每层木板铺设麻垫，用以吸附外界带进室内的尘土，此处地板也由木制改为地砖，方便扫除尘土。

2. 底层与晒台

原来位于底层的牲畜圈舍被改建为库房，两侧石墙打通后使库房通风，更易保持干燥，库房面积足以停下一辆农用卡车，同时存放各种农业器具、家庭杂物等，且一整面墙安放大型库房货架，另一面墙钉满可插挂的横条，此库房便从从前脏乱的牲畜圈舍摇身一变，成了整洁、宽敞的多功能库房。库房中架设一台通往二层、三层屋顶晒台的升降梯（图5），使整栋建筑的外部劳作空间成为一个可独立运作的整体。

原宅三层平面图

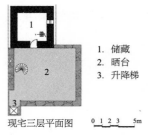

1. 储藏
2. 晒台
3. 升降梯

现宅三层平面图

图5　三层平面对比

3.3 宗教信仰的尊重及局部设计

在再生设计中，尊重原民族的宗教信仰、风俗习惯是尤为重要的，民居建筑寄予着族人祖祖辈辈的信仰与希望，宗教表现之处是民族民居建筑之魂魄。羌族民居建筑屋顶四角通常会放置白色石块，这是羌民族宗教信仰的最高代表"白石神"，王乙宅的再生设计建筑中保留白石神位，成为羌族建筑外观的精神体现。主室中的火塘也是必须延续的项目之一，它是羌族人几千年来祖祖辈辈遗传下来的民族火种，中心柱是羌族人的精神支柱，是古羌人之遗制，角角神位是羌族人安放神灵的地方，寄托着一家人的夙愿与情怀，这三者安放于主室内，缺一不可，且其位于一条轴线的宗旨更是族人心中的铁律，不可动摇。

关于王乙宅室内的日照问题，在此设计中，笔者将石墙开窗面积增大，且三间卧房上方以透光薄板隔断，从碉楼二层窗户透进的阳光可以照入碉楼二层卧室与楼梯间。三层晒台还设置木制廊架，连接升降梯、旋梯与碉楼储藏室，为此通道遮风避雨。王乙宅的再生设计用现代的技术克服大自然严苛的条件，化解了诸多生活上的不便。

4 结语

古民居建筑的延续与再生对于保护中华民族传统文化具有非常

重要的意义，我们尝试对羌族古民居建筑进行再生设计，旨在克服羌族古民居建筑原有的缺陷和不足，发掘其自身的优势条件，为现今生活水平还相对落后的大部分羌人提供一个可行的改善生活的方向与模式。笔者以黑虎寨王乙宅再生设计为例，深入了解当今羌族人民的生活状态和生活方式，依据实际情况，在设计实践中探索羌族古民居建筑再生的可行性设计，试图以尊重且最符合羌族人平日生活状态的方式来更新与延续与环境相融的羌族古民居建筑。

参考文献

[1] 冯天瑜，何晓明，周积明. 中华文化史（第二版）[M]. 上海：上海人民出版社，2005.

[2] 李伟. 羌族民居文化 [M]. 成都：四川美术出版社，2009.

[3] 李先逵. 四川民居 [M]. 北京：中国建筑工业出版社，2009.

[4] 季富政. 中国羌族建筑 [M]. 成都：西南交通大学出版社，2000.

[5] 阮宝娣. 羌族释比口述史 [M]. 北京：民族出版社，2011.

[6] 周锡银，钱安靖. 羌族的古老宗教性仪式和巫术 [M] //中国各民族宗教与神话大辞典. 学苑出版社，1990.

[7] 张犇. 羌族造物艺术研究 [M]. 北京：清华大学出版社，2013.

[8] 陈大乾. 从羌族文化民风民俗看羌族建筑 [J]. 四川建筑，1995（4）.

[9] 杨正俊. 羌藏两族民居给现代室内设计的启示 [J]. 中国建设教育，2008（6）.

[10] 徐铭. 羌族白石神信仰解析 [J]. 西南民族学院学报，1999（3）.

[11] 胡鉴民. 羌族之信仰与习为 [J]. 边疆研究论丛，1941.

[12] 刘伟，刘春燕，刘斌. 羌族碉房的室内空间文化剖析 [J]. 民族艺术研究，2010.

[13] 冉光荣，李绍明，周锡银. 羌族史 [M]. 成都：四川民族出版社，1985.

[14] 张犇. 羌族火塘设计的文化内涵 [J]. 民族艺术研究，2010（3）.

[15] 刘伟，刘春燕. 建筑外部空间中调和空间的分类与设计手法研究 [J].

贵州大学学报（自然科学版），2009（5）.

［16］翟风俭. 从"草根"到"国家文化符号"［J］. 艺术评论，2007（6）.

［17］庄学本. 羌戎考察记——摄影大师庄学本20世纪30年代的细部人文探访
［M］. 四川：四川民族出版社，2007.

［18］吴宁，晏兆丽，罗鹏，刘建. "涵化"与岷江上游民族文化多样性［J］.
山地学报，2003（1）.

［19］阮宝娣. 羌族释比与释比文化研究［D］. 中央民族大学民族学与社会学
学院，2007.

［20］牟钟鉴，张践. 中国宗教通史［M］. 北京：社会科学文献出版社，2003.

［21］刘伟，刘斌. 羌族庄房空间设计的文化探析［J］. 青岛理工大学学报，
2011，32（3）.

［22］王载波. "壳"中的羌族——浅谈桃坪羌寨的防御系统［J］. 四川建筑，
2000（5）：18-19.

［23］陈谋德. 一个值得商榷的建筑创作命题："只有世界的，才是中国的"
［J］. 新建筑，1999（4）.

［24］符曦. 四川阿坝州羌族藏族石砌民居室内空间与装饰特色的研究［D］.
四川大学建筑与环境学院，2004.

［25］成都地图出版社编. 四川省地图册［M］. 成都：成都地图出版社，2010.

［26］沈嘉禄. 寻找老家具［M］. 上海：上海书店出版社，2004.

［27］易子琳. 羌族服饰的特点及其历史探源［J］. 西华大学学报（哲学社会
科学版），2014（4）.

［28］［挪］诺伯格·舒尔茨. 存在·空间·建筑［M］. 尹培桐译. 中国建筑
工业出版社，1989.

[29] 吴良镛. 人居环境科学导论 [M]. 中国建筑工业出版社，2002.

[30] 季富政. 四川民居散论 [M]. 成都出版社，1995.

[31] 张良皋. 建筑与文化 [M]. 湖北：湖北美术出版社，1993.

[32] [丹麦] 杨·盖尔. 交往与空间 [M]. 何人可译. 北京：中国建筑工业出版社，2002.

[33] 田银生. 原始聚落与初始城市 [J]. 城市规划汇，2001（2）.

[34] 李先逵，陆元鼎，黄浩. 中国传统民居与文化 [C]. 北京：中国建筑工业出版社，1991.

[35] 张犇. 四川茂汶理美族设计的文化生态研究 [D]. 苏州大学，2007.

[36] 官礼庆. 杂谷脑河下游羌寨民居研究 [D]. 西南交通大学，2006.

[37] 张青. 羌族聚落景观与民居空间分析 [J]. 装饰，2004（2）.

[38] 杨光伟. 羌族民居建筑群的价值及其开发利用 [J]. 西南民族大学学报，2005（5）.